SAAB 99, 90 & 900

1968–1998

Martin Gollnick

Motor
buch
Verlag

(Foto: © GM Corp.)

Einbandgestaltung: Dos Luis Santos

Titelbild: © GM Corp.

Bildnachweis: Sämtliche abgebildeten Prospektseiten und Teile davon, Inserate und Fotografien sind urheberrechtlich der Saab Automobile AB bzw. der General Motors Corporation geschützt.

ISBN: 978-3-613-04077-9

1. Auflage 2018

www.motorbuch-verlag.de

Lektor: Johann Rehgeiß
Innengestaltung: Sven Rauert
Druck und Bindung: Graspo CZ, 76302 Zlín
Printed in Czech Republic

Inhalt

VORWORT

Es muss ungefähr 40 Jahre her sein, dass ich mich zum ersten Mal hinter das Steuer eines Saab gesetzt habe, und ich weiß heute nicht einmal mehr, was für ein Modell das damals gewesen ist. Es war auf irgendeiner Messe, und das einzige, was mir von meiner ersten Begegnung mit einem Saab bis heute unvergesslich geblieben ist, das ist der Eindruck, dass das Cockpit dieses Automobils regelrecht um den Fahrer herum und damit auch ganz speziell nur für ihn gebaut worden war. Mit einem Wort: Ich fühlte mich in diesem Wagen sofort zu Hause. »Das ist es«, war mir damals gleich klar, und diese Erkenntnis hat sich bis heute behauptet.

Aber die Liebe, und sei es auch nur die zu einem Automobil, beschreitet nicht selten verschlungene Pfade. Fiat, Renault, Volkswagen oder Mercedes waren nur einige Stationen meiner automobilistischen Entwicklung, bis es dann endlich tatsächlich ein Saab wurde, weil ich den Ärger mit den hier ungenannt bleibenden unmittelbaren Vorgängern einfach leid war.

Nun arbeite ich im Motorbuch-Verlag als Lektor, und mein geschätzter Programmleiter ist der festen Überzeugung, dass, wer als Lektor in diesem Verlag tätig ist und Saab fährt, auch in der Lage sein muss, ein Buch darüber zu schreiben. (Über das Auto natürlich, oder genauer gesagt über die Marke, nicht über die berufliche Tätigkeit.) Und da er es versteht, seine Ansichten auch überzeugend darzulegen, ist dieses Büchlein entstanden.

Geschildert werden hier 30 Jahre »saabischen« Automobilbaus am Beispiel von drei Baureihen und ihrer Entwicklung. Eigentlich sind es sogar nur zwei, denn der Saab 90 war bis auf die Typenbezeichnung im Wesentlichen nichts anderes als ein Saab 99. Andererseits kann man mit Fug und Recht den Saab 900 als Nachfolger des Saab 99 bzw. des Saab 90 bezeichnen, auch wenn die Modelle zeitweilig parallel angeboten wurden. So erhält dieses Buch also auch in Bezug auf die beschriebenen Modelle eine thematische Klammer, oder anders ausgedrückt: Der innerhalb dieser Zeitspanne von 30 Jahren ebenfalls entwickelte, produzierte und angebotene Saab 9000 musste als einer anderen Liga zugehörig »draußen bleiben«.

Dass ich eine kurze Modellgeschichte des Hauses Saab und eine Auswahl an technischen Entwicklungen, die den Ruf des schwedischen Automobilherstellers mit begründeten, an den Anfang gestellt habe, entspricht nicht nur meiner eigenen ersten Annäherung an das Thema, sondern ist auch der Tatsache geschuldet, dass es zum Thema »Saab« leider nicht allzu viel Literatur gibt.

In diesem Buch wiedergegebene Daten und Fakten sind gründlich recherchiert, dennoch wage ich auszuschließen, dass sie in allen Fällen widerspruchsfrei sind. Zu viele Quellen enthalten unterschiedliche Angaben, weshalb in Zweifelsfragen klärende Hinweise an den Autor jederzeit willkommen sind.

Der hätte sich übrigens damals, nach seiner ersten Begegnung mit einem Saab, eine Limousine gekauft. Doch nachdem seine Frau ihn zwischenzeitlich von den Wonnen des Offen-Fahrens überzeugen konnte, ist der erste Saab dann ein Cabriolet geworden.

Ihnen, lieber Leser, wünsche ich viel Vergnügen beim Lesen und beim Blättern durch die Reproduktionen aus alten Prospekten.

Martin Gollnick
Januar 2018

(Foto: © GM Corp.)

Das Unternehmen: eine kurze Modellgeschichte

1937 wurde die Svenska Aeroplan Aktiebolaget – kurz Saab – als nationaler Hersteller von Militärflugzeugen gegründet. Nach dem Zweiten Weltkrieg allerdings stellte der Flugzeugbauer zunehmend auf zivile Maschinen um. Zehn Jahre Erfahrung im Flugzeugbau waren denn auch dem ersten Automobil deutlich anzusehen, das in Form des Prototypen Saab 92001 im Juni des Jahres 1947 die Werkshallen verließ.

Der Saab 92 wies einen für seine Zeit sensationellen c_W-Wert auf. (Foto: © GM Corp.)

Dieser Prototyp hatte einen quer eingebauten Zweizylindermotor (von DKW), Frontantrieb, einen stabilen Sicherheitskäfig und ein aerodynamisches Profil, das dem einer Flugzeugtragfläche verdächtig ähnlich sah. Und das war nicht unbedingt ein Nachteil: Der Saab 92, der ab Dezember 1949 in Serie ging und bis 1956 insgesamt 20.000 Mal produziert wurde, hatte einen geringeren Luftwiderstand als die meisten Autos noch Jahrzehnte später.

1955 erschien der Saab 93 auf der Bildfläche, er hatte einen Zylinder mehr als

Blumen für den Saab 92. (Foto: © GM Corp.)

der Typ 92, besaß einen völlig neu entwickelten Antriebsstrang und verfügte – zu dieser Zeit ausgesprochen fortschrittlich – über schlauchlose Reifen. Ein Jahr später gab es von Saab mit dem Sonett (Saab 94) einen ersten reinrassigen Sportwagen, von dem allerdings nur sechs Exemplare gebaut wurden. Der Sonett wog als offener Zweisitzer ganze 500 kg und erreichte

Nur sechsmal gebaut: der 160 km/h schnelle Saab Sonett. (Foto: © GM Corp.)

mit 160 km/h eine beachtliche Höchstgeschwindigkeit.

1958 brachte Saab einen stark modifizierten 93 auf den Markt. Unter der Bezeichnung Saab 93 750 Gran Turismo wurde dieser erste in Serie gebaute Sportwagen der Schweden angeboten. Ein Jahr später schließlich erschien der Saab 95, der erste Kombi aus dem Hause Saab. Er basierte auf dem Saab 96, der ein Jahr später den Typ 93 ablösen sollte, und verfügte nach wie vor über den Dreizylinder-Motor

Saab 95: Der erste Kombi aus Trollhättan. (Foto: © GM Corp.)

des 93. Erst 1967 erhielten die Modelle 96 beziehungsweise 95 einen zeitgemäßen und deutlich stärkeren Vierzylinder-Motor. Wahlweise bot der Kombi zwei, fünf oder sogar sieben Personen Platz.

Der 1960 vorgestellte Saab 96 brachte es auf eine Produktionszeit von 20 Jahren. Bis 1980 wurden fast 550.000 Exemplare dieses Modells an den Mann beziehungsweise die Frau gebracht, für die Schweden war der 96 damit ein echter Verkaufsschlager.

In den Jahren 1960 bis 1962 macht Erik Carlsson (»Mister Saab«) mit beachtlichen

Erfolgen im Rallye-Sport auf die schwedische Marke aufmerksam. 1962 wird der Saab Sport vorgestellt, der auf dem Saab 96 basiert. Das schwedische Unternehmen, dem schon früh bescheinigt worden war, zu den besonders innovativen Automobilproduzenten zu gehören, stattete von diesem Jahr an alle Serienfahrzeuge mit Sicherheitsgurten aus. Den Saab Sport gab es ab 1965 in einer neueren Version unter der Bezeichnung Saab Monte Carlo 850.

Mit der letzten Rallye-Ausgabe des Saab 96 gewann Per Eklund 1976 die Schweden-Rallye. (Foto: © GM Corp.)

1966 nahmen die Schweden mit dem Sonett II (Saab 97) einen zweiten Anlauf in Sachen zweisitziger Sportwagen. Nunmehr geschlossen, war die Karosserie beim Sonett II ganz aus glasfaserverstärktem Kunststoff. Auch den Sonett II gab es zunächst mit dem Dreizylinder-Zweitakt-Motor, er war jedoch bald auch mit einem V4-Motor erhältlich, der aus dem Ford Taunus stammte. Im Produktionszeitraum von 1966 bis 1970 wurden insgesamt über 1850 Sonett II hergestellt, die weitaus meisten mit dem V4-Motor: Mit ihrem zweiten Anlauf waren die Schweden doch schon erheblich weiter gesprungen als mit dem Sonett I, auch wenn die Verkaufszahlen noch immer kein »Gedicht« waren.

1967 wurde der Saab 99 vorgestellt, ein Jahr später, mit dem Verkaufsstart für dieses Modell, stieß der schwedische Automobilhersteller in das Segment der oberen Mittelklasse vor. Der 99 hatte zunächst einen von Ricardo Consulting Engineers in England im Auftrag von Saab entwickelten Reihenmotor, der von Triumph gebaut wurde.

Auch der Sonett II war im Hinblick auf die Verkaufszahlen nicht gerade ein Renner. (Foto: © GM Corp.)

1969 fusionierte Saab mit dem schwedischen Nutzfahrzeug-Hersteller Scania-Vabis AB, es entstand die Saab Scania AB. Im gleichen Jahr entwickelten die Schweden in Zusammenarbeit mit Ricardo Consulting Engineers ihren ersten eigenen Reihen-Vierzylinder. Ab 1972 erfolgte dann die gesamte Motorenproduktion für die Saab-Modelle unter hauseigener Regie.

Der gesamte Pkw-Bereich wurde übrigens 1990 wieder aus dem Verbund der Saab Scania Gruppe herausgelöst, es entstand die Saab Automobile AB. Genau zu dieser Zeit auch kaufte General Motors 50 Prozent der Saab-Anteile. Die anderen 50 Prozent hielt bis zur vollständigen Über-

Mit dem 99 stieß Saab in das Segment der oberen Mittelklasse vor. (Foto: © GM Corp.)

nahme des Unternehmens durch GM im Jahre 2000 die schwedische Holding Investor AB (Wallenberg-Gruppe).

Im Frühjahr 1970 wurde der Sonett III der Öffentlichkeit vorgestellt. Es handelte sich bei diesem im Prinzip um einen Sonett II, dem der italienische Designer Sergio Coggiola ein neues Blechkleid geschneidert hatte. Noch immer ein beziehungsweise der Saab 97, wurden vom Sonett III bis 1974, dem letzten Jahr seiner Produktion, insgesamt 10.210 Exemplare hergestellt.

Im August 1976 präsentierte Saab vor der internationalen Presse seinen neuen Turbomotor. Ein Jahr später, auf der IAA in Frankfurt 1977, konnte das Publikum den Saab 99 Turbo in Augenschein nehmen, der sich umgehend als Verkaufserfolg entpuppte und – nicht zuletzt dank eines enormen Medieninteresses – den Bekanntheitsgrad der Marke Saab gewaltig ansteigen ließ. Der 99 Turbo, auf der IAA als Dreitürer mit Fließheck und großer Heckklappe ausgestellt, wurde zu einem »Kult-Auto«, mit ihm legten die Schweden den Grundstein für ihren nachhaltigen Ruf als weltweit führender Hersteller von serienreifen Turbomotoren.

Immerhin deutlich über 10.000 Exemplare wurden vom Sonett III gebaut. (Foto: © GM Corp.)

Ein Jahr später, 1978, erschien der Saab 900 auf der Bildfläche, bei dem es sich im Wesentlichen um eine Weiterentwicklung des Saab 99 handelte: Der 900 basierte auf der Plattform des 99, allerdings war der Radstand vergrößert worden, und die Karosserie des 900 war 21 Zentimeter länger als die des 99.

1979 begannen die Schweden mit der Arbeit am »Projekt X-29«. Hinter diesem Code-Namen verbarg sich der Saab 9000, den die Skandinavier zusammen mit Fiat und Lancia als Gemeinschaftsproduktion entwickelten. Nicht umsonst sahen Fiat Croma und Lancia Thema dem Saab 9000 ziemlich ähnlich, und selbst der Alfa Romeo 164 basierte auf dem gleichen Chassis, machte sich aber als einziger von den vieren nicht die Karosseriegleichteile der anderen zu eigen.

Der erste Saab Turbo: Saab 99 Turbo, präsentiert 1977 in Frankfurt. (Foto: © GM Corp.)

1983 zeigte Saab auf der IAA in Frankfurt eine erste Design-Studie eines Cabriolets auf Basis des Saab 900. Bis zur Markteinführung des 900 Cabriolets sollten allerdings noch drei Jahre vergehen. 1984 schließlich brachten die Schweden den Saab 9000 auf den Markt. Designed von keinem geringeren als Giorgio Giugiaro, wurde der zunächst ausschließlich als Fünftürer (mit großer Heckklappe) ausgelieferte Saab 9000 in den USA als einziges Import-Auto (außer dem Rolls-Royce, aber das ist in diesem Fall nicht wirklich eine Einschränkung) als »large car« eingestuft. Nicht zuletzt war diese Einstufung darauf zurückzuführen, dass der Saab 9000 über einen schräg eingebauten Motor und Vorderradantrieb verfügte, was im Innenraum deutlich mehr Platz ließ als im Saab 900.

1984 erschien der Saab 9000 in den Verkaufsräumen der Händler. (Foto: © GM Corp.)

Die Außenabmessungen waren dagegen bei beiden Modellen gleich. Bis zum Produktionsende im Jahr 1998 wurden vom Saab 9000 gut 500.000 Exemplare fertiggestellt.

1993 wurde in Trollhättan ein komplett neu entwickelter Saab 900 vorgestellt, der erste Saab, der unter der Regie von General Motors entstanden war und der denn auch eine ganze Reihe von Teilen aus anderen

GM-Modellen enthielt. So stammte beispielsweise ein großer Teil der Elemente in der Bodengruppe des neuen Saab 900 aus der des Opel Vectra. Zudem war der neue der erste Saab, der außer den bekannten, hauseigenen Vierzylindern (mit und ohne Turbolader) auch einen V6 im Angebot hatte – aus dem Opel-Programm.

1997 wurde der Saab 9000 abgelöst vom Saab 9-5, der ein Jahr später von den auto-motor-und-sport-Lesern zum besten Importauto in der oberen Mittelklasse gekürt wurde. Im gleichen Jahr 1998 wurde der Saab 9-5 auch in einer Kombi-Version der Presse vorgestellt: Der erste Saab-Kombi seit 30 Jahren (Markteinführung 1999). 1999 stellten die Schweden auf der IAA in Frankfurt den 9-5 Aero vor, das sportlichste Modell der Baureihe 9-5.

Die zweite Generation des Saab 900 hatte viele Teile mit dem Opel Vectra gemein. (Foto: © GM Corp.)

Ebenfalls 1998 erschien der Saab 9-3 auf dem Markt, eine Weiterentwicklung und damit der Nachfolger des Saab 900. In zahllosen Details war der 9-3 gegenüber dem 900 verbessert worden, ganz oben auf der Prioritätenliste hatte dabei der Aspekt der passiven Sicherheit gestanden. Weiteres bemerkenswertes Detail: Der Saab 9-3 war der erste Schwede aus Trollhättan, den es mit einem Turbodiesel mit Direkteinspritzer gab. Auch der 9-3 baute auf der Plattform des Opel Vectra (B) auf.

Der Saab 9-5 löste 1997 den 9000 ab. (Foto: © GM Corp.)

Nach der vollständigen Übernahme des Automobilherstellers Saab durch den General-Motors-Konzern im Jahr 2000 war das Konzeptfahrzeug Saab 9X, das im September 2001 auf der IAA vorgestellt wurde, das erste Highlight in der Modellgeschichte der Schweden im neuen Jahrtausend. Der 9X war das Ergebnis des Versuchs, vier Fahrzeugkonzepte in einem Modell zu vereinen: Coupé, Roadster, Kombi und Pick-up. Weniger spektakulär, für die Saab-Fahrer aber mit deutlich direkter erlebbaren Auswirkungen war ein »runderneuerter« 9-5, der mit zahlreichen Verbesserungen in Design und Technik im gleichen Jahr 2001 in Kopenhagen der Presse vorgestellt wurde und den es jetzt auch mit einem V6-Turbodiesel mit drei Litern Hubraum gab.

Im Januar 2002 präsentierte Saab auf der Detroit Motor Show den 280 PS starken 9-3X, ein weiteres Konzeptfahrzeug, das geländetaugliche Eigenschaften mit einem sportlich-coupéhaften Styling in sich vereinte. Im Juli des gleichen Jahres wurde der Presse in Stockholm die komplett neu entwickelte 9-3 Sport-Limousine vorgestellt, die zwei Monate später auch schon zu den Händlern rollte. Wiederum auf der Plattform des Opel Vectra (C) aufgebaut, hatten die Schweden bei der Entwicklung der zweiten Generation des 9-3 vor allem ein Ziel vor Augen gehabt: Er sollte Fahrspaß pur vermitteln, wozu unter anderem ein deutlich verbesserter Antriebsstrang und neue, turbogeladene 2-Liter-Aluminiummotoren beitragen sollten.

Im März 2003 präsentierte Saab auf dem Genfer Automobilsalon das parallel zur Limousine ebenfalls komplett neu entwickelte 9-3-Cabrio. Ohne Einbußen beim Fahrspaß oder in der Dynamik verfügte der offene Viersitzer in der zweiten Generation über einen dreimal steiferen Rahmen als das Vorgängermodell. Weitere Verbesserungen betrafen unter anderem die Verdeckautomatik oder eine »CargoSET« genannte automatische Stauraumvergrößerung, die bei geschlossenem Verdeck für mehr Platz im Kofferraum sorgte – Cabriofahrer wissen solche pfiffigen Details zu schätzen.

Einen Monat später, im April 2003, kündigte Saab auf der New York Auto Show an, gemeinsam mit Subaru den Saab 9-2X für den US- und den kanadischen Markt zu produzieren. Der 9-2X, ein sportliches Allradfahrzeug der Premium-Kompaktklasse, innerhalb der Marke als Einstiegsmodell unter dem 9-3 angesiedelt,

Der 9-7X, ein Premium-SUV von Saab, wird nur in den USA und Kanada angeboten. (Foto: © GM Corp.)

wurde im Sommer 2004 auf den genannten Märkten eingeführt.

Im September 2003 stellt Saab auf der IAA in Frankfurt den 9-3 Sport-Kombi als Konzept vor, die Auslieferung des Serienfahrzeugs an die Kunden beginnt zwei Jahre später. Mit dem 9-3 Sport-Kombi meldet die Schweden selbstbewusst ihre Ansprüche im gefragten Segment der Kombis der oberen Mittelklasse an, das in Deutschland bislang von Mercedes, Audi und BMW beherrscht wurde.

2004 enthüllten die Schweden auf der New York International Auto Show ihren 9-7X, ein Premium-SUV auf Basis des Chevrolet Trailblazer, das ab 2005 wie der 9-2X nur auf dem US- und dem kanadischen Markt angeboten wurde. Markteinführung war dort im Juni 2005. Spitzenmotorisierung für diese vierte Saab-Baureihe war ein 5,3-Liter-V8.

Ende Februar 2006 entpuppt sich die Sportwagenstudie Saab Aero X auf dem Genfer Automobilsalon als echter Publikumsmagnet: Ausgestattet mit einem 400 PS starken 2,8-Liter-BioPower-V6 mit Turboaufladung war der im Design stark von der Flugzeugbau-Tradition des schwedischen Unternehmens beeinflusste Sportwagen ein regelrechter Blickfang.

Nach einer Neugestaltung des Innenraums zum Modelljahr 2007 präsentierten die Schweden ihre Baureihe 9-3 im Herbst 2007 auch äußerlich deutlich verändert: Nach dem Facelift waren die Modelle deutlich inspiriert vom Konzeptfahrzeug Aero X. Auch technisch gab es Neuheiten: Erstmals waren jetzt (wenn auch nicht alle) Modelle aus der Baureihe 9-3 mit dem Allradantrieb XWD erhältlich, außerdem waren zwei neue BioPower-Motoren jetzt ebenfalls erstmals im 9-3 zu haben, und schließlich hatte der neue 1,9 TTiD nun auch einen zweistufigen Turbolader verpasst bekommen, was nicht nur die Leistung des Diesels auf enorme 180 PS ansteigen ließ, sondern den mit ihm bestückten Wagen seinerzeit auch zum Klassenbesten in punkto Wirtschaftlichkeit machte.

Saab 9-3 Cabrio, Sportkombi und Limousine, Modelljahr 2006. (Foto: © GM Corp.)

Im Februar 2010 wurde Saab von General Motors an die niederländische Sportwagenschmiede Spyker Cars verkauft, nachdem Koenigsegg 2009 überraschend von seinen Plänen zur Saab-Übernahme zurückgetreten war. Spyker ging jedoch zwei Jahre später in Konkurs, und Saab wurde erneut weitergereicht: Unter der Bezeichnung NEVS (National Electric Vehicle Sweden AB) war im Frühjahr 2012 eine Holdinggesellschaft gegründet worden, die die Konkursmasse der Saab Automobile übernahm.

Zwischenzeitlich selbst in Schwierigkeiten geraten, in deren Verlauf NEVS auch die Rechte an der Nutzung des Markennamens Saab verlor, produziert NEVS inzwischen einen – bis auf den nunmehr rein elektrischen Antrieb – praktisch unveränderten 9-3 unter der Bezeichnung NEVS 9-3 in China, dessen erstes Exemplar am 5. Dezember 2017 in Tianjin vom Band rollte.

Aber einen neuen Saab wird es wohl nie mehr geben.

SAAB: Vorreiter für Innovationen

Immer wieder waren Saab-Pkws zeitgenössischen Konkurrenzmodellen in technischen Details ein ganzes Stück voraus. Vor allem in punkto Sicherheit erwarben sich die Schweden (und das gilt gleichermaßen für beide großen Automobilhersteller aus dem Land der Elche) einen hervorragenden Ruf. Aber auch in anderen Bereichen spielte Saab den Vorreiter, nicht zuletzt bei der Entwicklung von Pkw-Motoren mit Turboaufladung bis zur Serienreife war das Unternehmen Seiner Zeit (und seinen Konkurrenten) voraus. Eine kurze Aufzählung von Innovationen des Automobilherstellers Saab mag – ohne jeden Anspruch auf Vollständigkeit – den fortschrittlichen Charakter des stets etwas eigenwilligen Automobilherstellers verdeutlichen:

1949: Als weltweit erstes Auto verfügte schon der Ur-Saab beziehungsweise der Saab 92 über einen serienmäßigen Seitenaufprallschutz.

1958: Einführung des Sicherheitsgurts, der ab 1962 serienmäßig in allen Saab-Modellen zu finden ist.

1963: Als erster Serienhersteller weltweit bietet Saab duale Bremskreisläufe in seinen Fahrzeugen an.

1969: Saab führt eine automatische Abschaltung für das Hauptlicht ein. Damit kann – zur Erhöhung der Sicherheit – das Licht auch tagsüber eingeschaltet bleiben, denn sobald der Motor abgestellt wird, erlischt auch das Licht.

1969: Saab verlegt das Zündschloss zwischen die beiden Vordersitze, weil es an der herkömmlichen Position bereits bei kleineren Unfällen zu schweren Knieverletzungen führen kann.

1970: Weil Regen und Schmutz die Leistung der Scheinwerfer um bis zu 90 % reduzieren können, führt Saab eine Scheinwerfer-Wisch-Wasch-Anlage ein, die später in vielen Ländern Vorschrift wird.

1971: Saab bietet seine Modelle mit energieabsorbierenden Stoßfängern an. Bei kleinen Kollisionen mit bis zu 8 km/h können sich die Stoßstangen quasi „selbst reparieren".

1971: Saab bietet elektrisch beheizbare Vordersitze an.

1972: Zu Verbesserung des Seitenaufprallschutzes baut Saab als weltweit erster Hersteller Verstärkungen in die Türen ein.

1976: Als einer der ersten Hersteller stattet Saab seine Fahrzeuge mit geregelten Drei-Wege-Katalysatoren aus.

1976: Saab ist der erste Hersteller, dem es gelingt, einen zuverlässigen, serien-

Ab 1972: Beheizbare Vordersitze. Foto: © GM Corp.)

Ab 1972: Verbesserter Seitenaufprallschutz. (Foto: © GM Corp.)

reifen Turbomotor für Pkws zu entwickeln.

1978: Saab führt den Pollenfilter ein, ein elektrostatisches Filtersystem, das Pollen und andere Kleinstpartikel bis zu einer Größe von 0,004 mm abfängt.

1980: Saab entwickelt die Automatic Performance Control (APC), eine Motorsteuerung, die es erlaubt, auch Treibstoff mit einer niedrigeren Oktanzahl zu benutzen, ohne an Effizienz oder Dauerhaltbarkeit einzubüßen. Dazu werden Daten aus der Überwachung des Verbrennungsprozesses zur Steuerung des Turboladers genutzt.

Ab 1996: Die aktive Kopfstütze SAHR. (Foto: © GM Corp.)

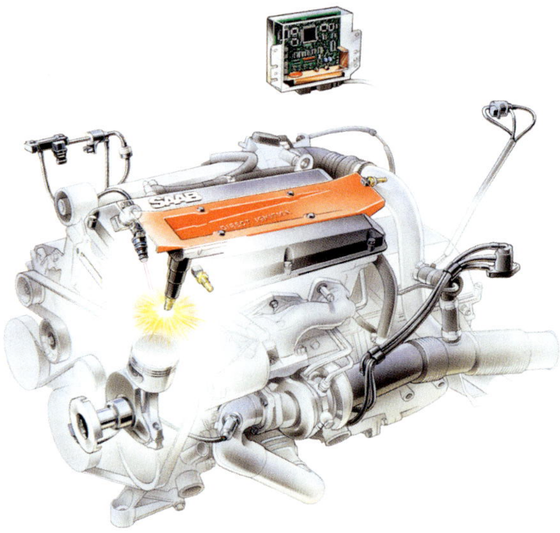

Ab 1991: Die Motorsteuerung Trionic zählt bis heute zu den fortschrittlichsten. (Foto: © GM Corp.)

1981: Mit der Einführung von asphärischen Außenspiegeln (wie sie heute fast überall Standard sind) gibt es in einem Saab beim Blick in den Seitenspiegel keinen toten Winkel mehr.

1982: Durch die Verwendung neuer Materialen gelingt es Saab, asbestfreie Bremsbeläge zu entwickeln.

1985: Durch die Einführung des Direkt-Zündsystems werden in Saab-Motoren Zündkabel und Verteiler überflüssig: Jede Zündkerze verfügt über eine eigene Spule, die 40.000 Volt erzeugt. Das führt zu einer optimierten Verbrennung und verbesserten Kaltstarteigenschaften.

1990: Für Serienfahrzeuge, bei denen es in letzter Konsequenz nicht auf Höchstleistung ankommt, gibt es bei Saab jetzt mit dem Niederdruck-Turbo (Low Pressure Turbo, LPT) eine neue Technologie, die vorrangig Fahr- und Überholeigenschaften verbessern soll.

1991: Mit der »Trionic« entwickelt Saab ein Motormanagement, das bis heute zu den fortschrittlichsten seiner Art zählt. Die Trionic misst alle Größen, die für den Verbrennungsprozess wichtig sind. Die so gewonnenen Daten werden genutzt zur Steuerung und Optimierung von Turboaufladung, Einspritzung und Zündung.

1991: Als einer der ersten Hersteller stattet Saab seine Fahrzeuge mit FCKW-freien Klimaanlagen aus.

1993: Saab führt das in der Luftfahrt längst bekannte, sogenannte »Night Panel« ein, mit dem bei Dunkelheit alle Instrumentenbeleuchtungen außer der des Tachos abgeschaltet werden können, um die Gefahr einer möglichen Ablenkung des Fahrers zu reduzieren. Dabei arbeiten alle Instrumente und Kontrollleuchten im Hintergrund weiter und schalten sich gegebenenfalls auch selbsttätig wieder ein.

1996: Saab entwickelt eine aktive Kopfstütze (SAHR, Saab Active Head Restraint), die im Falle eines Heckaufpralls automatisch die richtige Position einnimmt und die Bewegungen des Kopfes und der Wirbelsäule des Passagiers kontrolliert.

1997: Eine elektronische Bremskraftverteilung optimiert in Abhängigkeit von der Fahrzeugbeladung die Bremsleistung, ohne dabei – wie herkömmliche Systeme – die Gesamtbremsleistung zu reduzieren.

1997: In einem Saab 9-5 gibt es erstmals ventilierte Vordersitze. Zusammen mit der Klimaanlage sollen sie nicht nur ein außergewöhnliches Komfortniveau garantieren, sondern auch den Fahrer länger fit halten.

1997: ComSense nennt Saab ein weiteres System, das den Fahrer vor möglichen Ablenkungen abschirmen soll. Warnmeldungen geringerer Priorität oder eingehende Telefonanrufe werden von ComSense kurzzeitig zurückgehalten, wenn der Fahrer gerade Bremse oder Blinker betätigt. So kann er sich zunächst voll auf das soeben eingeleitete Manöver konzentrieren, sei es das Heranfahren an eine Kreuzung, ein Abbiege- oder ein Überholmanöver.

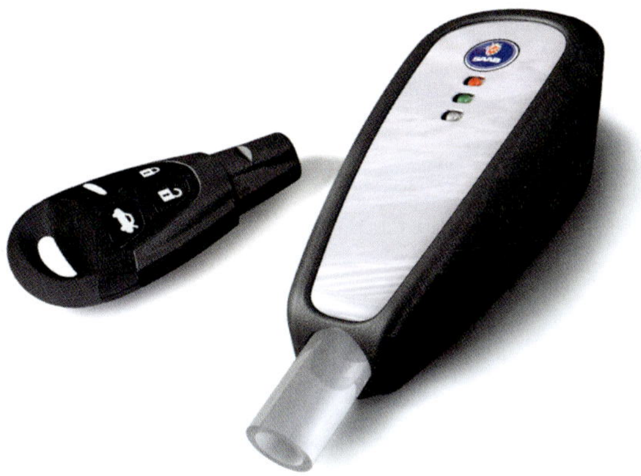

2004 als Konzept entwickelt: Der »Alcokey« von Saab. (Foto: © GM Corp.)

2000: Saab Variable Compression (SVC) heißt ein völlig neu entwickeltes Motorenkonzept, mit dem die Schweden aus einem 1,6 Liter großen Fünfzylinder 225 PS und 305 Nm kitzeln, und das mit einem Verbrauch, der dem eines normalen 1,6-Liter-Motors entspricht.

2002: Erstmals in der 9-3-Sportlimousine setzt Saab sein neues ReAxs-System ein. Dieses System lässt die Hinterräder in Kurven leicht einlenken, was für eine klarere Rückmeldung an den Fahrer und eine erhöhte Kurvenstabilität sorgt.

2003: CargoSet ist eine Saab-Entwicklung speziell für Cabrio-Fahrer: Beim Schließen des Verdecks vergrößert sich der Kofferraum automatisch um den Platz, den zuvor das Verdeck eingenommen hatte.

2004: Saab entwickelt ein Konzept namens »Alcokey«. Der Alcokey ist Bestandteil des Fahrzeugschlüssels, an dem er sich als kleines Mundstück präsentiert. Er misst die Atemalkoholkonzentration des Fahrers vor Fahrtantritt und verhindert bei Überschreiten der landesspezifisch zulässigen Promillegrenze ein Starten des Motors.

2006: Anfang des Jahres führt Saab auch auf dem deutschen Markt den 9-5 als BioPower-Modell mit Flexible-Fuel-System ein: Der 2-Liter-Turbo kann wahlweise mit Benzin, mit Bio-Äthanol (E85) oder mit jeder beliebigen Mischung aus beiden Kraftstoffarten betrieben werden. Dabei bringt der Betrieb mit E85 nicht nur ein Plus an Umweltfreundlichkeit, sondern auch eines an Leistung.

2007: Saab startet den Testbetrieb für ein neues Frühwarnsystem, das den Fahrer bei beginnender Müdigkeit und bei Unaufmerksamkeit am Steuer warnt.

Der Saab 99 1968–1984

Am 22. November 1967 wurde der Saab 99 der Öffentlichkeit vorgestellt, gut dreieinhalb Jahre, nachdem die Geschäftsleitung am 2. April 1964 die Entwicklung des neuen Modells beschlossen hatte. Er war das Ergebnis des »Gudmund«-Projekts, das so benannt worden war, weil der 2. April in Schweden der Gudmunds-Tag ist. Die Entscheidung zum Bau eines neuen und größeren Saab-Modells bewies einigen Weitblick, fiel sie doch in einer Zeit, in der es dem Unternehmen aus Trollhättan gerade ziemlich gut ging: In Schweden hatte es sich inzwischen nachhaltig auch als Automobilhersteller etabliert, dessen Produkte auch im Ausland gefragt waren. So baute Saab 1964, in seinem 15. Jahr als Automobilhersteller, bereits 45.000 Pkws, und ein Jahr später waren es sogar schon 48.500 – ein neuer Rekord nach dem anderen, und dennoch offensichtlich genau der richtige Zeitpunkt, an ein Auto für die nächste Generation zu denken.

Die Kröte (links im Bild): Chassis und Motor vom Saab 99, Karosserie eine um 20 cm verbreiterte Spezialanfertigung des Saab 96. (Foto: © GM Corp.)

Im Rahmen der Entwicklungsarbeiten am Saab 99 sollten schließlich das Chassis und der neue Viertaktmotor getestet werden, ohne aufmerksamen Beobachtern oder gar »Erlkönig-Jägern« allzu viel über das neue Modell zu verraten. Saab entschied deshalb, auf dem neuen Chassis des 99 eine um 20 Zentimeter verbreiterte 96er-Karosserie aufzubauen, den Wagen mit dem neuen Motor zu versehen und – überwiegend nachts – auf den Straßen des Landes zu testen. Vier Exemplare dieser Fahrzeuge wurden gebaut, sie wurden intern »Kröten« genannt, und wenn sie nicht direkt neben einem richtigen Saab 96 standen, war es fast unmöglich, sie als etwas besonderes zu erkennen. Das letzte noch existierende Exemplar der Kröten befindet sich heute im Saab-Museum in Trollhättan.

Vom Zeitpunkt der Vorstellung an sollte allerdings noch ein gutes Jahr ins Land gehen, bevor die ersten Modelle des Saab 99 an die Kundschaft ausgeliefert wurden. In Trollhättan hatte man für die Qualitäten, für die ein Saab-Automobil inzwischen stand, den Begriff »saabisch« geprägt, und die Art, in der die Schweden dieses Jahr nutzten, war vielleicht das beste Beispiel dafür, was man unter »saabisch« zu verstehen hatte: Ein ausgewählter Kreis von Privatpersonen bekam jeweils für einige Monate einen Saab 99 zur Verfügung gestellt. Einzige Bedingung: Sie sollten den Hersteller über ihre Ansicht zu dem Auto und über ihre mit ihm gemachten Erfahrungen berichten. Unter den denkbar realistischsten Bedingungen wurde also eine ganze Reihe von Fahrzeugen einem mehrmonatigen »Test« unterzogen, was dazu führte, dass einige »Kinderkrankheiten« des neuen

SAAB 99 – schnell und herrlich leicht zu fahren. Ein Coupé, wie es der heutige Straßenverkehr verlangt: innen größer als außen, bequem, wendig und vor allem sehr sicher.

Unter der Motorhaube des SAAB 99 verbirgt sich ein wahres Kraftpaket. Spurtfreudig, elastisch, ausdauernd und zuverlässig bei jeder Jahreszeit.

Platz bietet der SAAB 99 bequem fünf erwachsenen Personen samt Urlaubsgepäck. Möchte man – vielleicht beruflich – mehr transportieren, dann läßt sich der SAAB 99 mit wenigen Handgriffen in einen Halb-Kombi verwandeln. Gut genug für 1 m^3 bzw. 350 kg (nur mit Fahrer).

Sicherheit wird beim SAAB 99 ganz groß geschrieben: 4 selbsteinstellende Scheibenbremsen. Separate Bremstrommeln für die Handbremse, die auf die Vorderräder wirken. Sicherheits-Diagonal-Zweikreisbremssystem. Individuell verstellbare Einzelsitze und Dreipunkt-Sicherheitsgurte vorn. Verbundglas-Windschutzscheibe, abgepolsterter Innenraum, verstärkte Sicherheits-Fahrgastzelle, Knautschzonen vorn und hinten. Defrosterdüsen an Front- und Heckscheibe, Zündschloß auf der Mittelkonsole u.a.m.

Radaufhängung vorn, Hinterachse und Vorderradantrieb entsprechen dem Rallye-getesteten SAAB V4. Natürlich auch beim SAAB 99: Freilauf – wahlweise einstellbar.

SAAB 99

»Innen größer als außen«: Der Saab 99 in einem Prospekt von 1969, Modelljahrgang 1970.

Modells noch vor dem eigentlichen Serienanlauf »geheilt« werden konnten. So mancher Autofahrer dürfte es heutzutage kaum noch wagen, von so etwas auch nur zu träumen …

Der neue Saab 99 hatte mit seinem Vorgänger, dem Saab 96, so gut wie nichts mehr gemein. Wie schon das erste Automobil von Saab, der Saab 92, so entstammte auch der Entwurf zum neuen Saab 99 aus der Feder des Chefdesigners Sixten Sason, der beispielsweise auch der weltberühmten Hasselblad-Kamera ihre äußere Gestalt gegeben hatte. Die Karosserie war komplett neu, und auch der Motor, ein 1,7 Liter großer Vierzylinder-Reihenmotor, der 80 PS leistete, kam erstmals zum Einsatz. Er war im Auftrag von Saab von der Firma Ricardo in England entwickelt und ebenfalls dort von Triumph gebaut worden. Der Motor verfügte über eine obenliegende Nockenwelle und einen Querstrom-Zylinderkopf, und auch vier Scheibenbremsen rundum oder die Sicherheits-Teleskop-Lenksäule waren seinerzeit keineswegs selbstverständlich, sondern untermauerten den »saabischen« Anspruch der schwedischen Automarke. Der Saab 99 war übrigens auch der erste, der das Zündschloss in der Mittelkonsole zwischen den Vordersitzen hatte, ein spezifisches Merkmal, das bis heute allen Saab-Modellen eigen ist.

Bei den ersten Saab 99, die schließlich an die Kunden ausgeliefert wurden, handelte es sich fünfsitzige Coupés mit zwei Türen (»innen größer als außen«, verhieß ein Prospekt von 1970 ein kleines Raumwunder), das Leergewicht betrug fahrfertig 1070 kg. Die vier Zylinder des neuen Motors hatten eine Bohrung von 83,5 mm, was bei einem Kolbenhub von 78 mm einen Hubraum von exakt 1709 cm^3 ergab. Die Gemischaufbereitung besorgte ein Horizontal-Vergaser von Zenith-Stromberg mit einer gesonderten Mischdüse für den Kaltstart. Die wassergekühlte, in Fahrtrichtung längs eingebaute Maschine leistete 80 PS bei 5200 U/min, das maximale Drehmoment betrug 131,5 Nm und lag bei 3000 U/min an. Die Höchstgeschwindigkeit lag bei 155 km/h, die Beschleunigung von 0 auf 100 km/h erfolgte in 15,0 Sekunden.

Wie alle Saab-Modelle hatte auch der 99 einen Frontantrieb: Bei winterlichen Straßenverhältnissen war (und ist) der Front- dem Hinterradantrieb deutlich überlegen – und Trollhättan liegt schließlich nördlicher als Moskau und auf etwa dem gleichen Breitengrad wie Juneau, die Hauptstadt Alaskas. Die Kraft wurde von einem Vierganggetriebe auf die Vorderräder übertragen, alle vier Gänge waren synchronisiert. Die Gesamtübersetzung betrug im 1. Gang 13,6 : 1, im 2. Gang 8,6 : 1, im 3. Gang 5,8 : 1, im 4. Gang 4,0 : 1 und im Rückwärtsgang 13,6 : 1. Erstmals in einem Saab wurden die Gänge jetzt mittels eines Schaltknüppels sortiert, der auf dem Mitteltunnel angebracht war. Ge-

Das Heizungs- und Ventilationssystem des SAAB 99 ist hochwirksam. Schon kurz nach dem Start entwickelt die Heizung ihre volle Leistung. Für Vorderteil und Fond läßt sich die Heizung getrennt regulieren.

Der Frischlufteinlaß befindet sich unter der Windschutzscheibe, der Austritt an den Seiten des Heckfensters. Der gesamte Innenraum des Wagens wird ständig automatisch zugfrei belüftet.

Für Fahrer, die das Bequeme lieben, jedoch auf ein sportliches Coupé mit viel Platz nicht verzichten möchten, wird der SAAB 99 auch mit automatischem Getriebe geliefert. Der Motor – beim SAAB 99 EA mit elektronischer Benzineinspritzung – hat immer die richtige Umdrehungszahl. Der Übergang von einer Schaltstufe zur anderen geschieht ruckfrei. Der Drehmomentwandler sitzt – wie die Kupplung des Vergaser-Motors – vor dem Motorblock.

Neben hochwertiger Verarbeitung, Temperament und Sicherheit haben beide SAAB 99-Versionen auch den Komfort gemeinsam. Komfort für höchste Ansprüche. Dazu gehören die anatomisch richtigen Sitze, der wertvolle Teppichboden und eine Federung, die jede Unebenheit kaum spürbar schluckt.

Fahren Sie ihn einmal zur Probe, denn hinter dem Steuer eines SAAB 99 zu sitzen ist ein Genuß, wie man ihn nur selten erlebt.

SAAB 99
E AUTOMATIC

Saab 99 E Automatik im gleichen Prospekt: Das Fahren eines Saab wird als purer Genuss verkauft.

triebe und Differential waren platzsparend unterhalb der Kurbelwelle angeordnet. Die Einscheiben-Trockenkupplung war hydraulisch betätigt. Und schließlich verfügte der Saab 99 über einen wahlweise einstellbaren Freilauf.

Die Räder waren vorn einzeln an Trapez-Dreieckslängern aufgehängt, die starre Hinterachse wurde von zwei Paar Längslenkern und einem quergerichteten Panhard-Stab geführt. Schraubenfedern und hydraulische Teleskopstoßdämpfer besaßen alle vier Räder. Die schlauchlosen Reifen der Größe 155 x SR 15 waren auf Felgen 4,5 J x 15 montiert.

Die hydraulische Zweikreis-Bremsanlage mit Bremskraftverstärker war diagonal geteilt, die Fußbremse wirkte auf vier Scheiben mit einem Durchmesser von 269,5 mm, was einer Gesamtreibfläche von 2266 cm^2 entsprach. Die Handbremse wirkte mechanisch über separate Trommeln auf die Vorderräder.

Die Zahnstangenlenkung wies eine Über-

Technische Daten, Saab 99 + Saab 99 E Automatic, 1970

Motor

Vierzylinder Reihenmotor mit obenliegender Nockenwelle. Kurbelwelle und Nockenwelle fünffach gelagert. Bohrung: 83,5 mm. Hub: 78 mm. Hubraum, nach Steuerformel: 1 697 cm^3. Hubraum, tatsächlicher: 1 709 cm^3. Verdichtungsverhältnis: 9,0:1. Druckschmierung. Ölfilter im Hauptstrom. Wasserkühlung. Elektrisch betriebener und thermostatgesteuerter Kühlerventilator. Querstromkühler.

99
Leistung: 80 DIN-PS bei 5 200 UPM, 87 SAE-HP bei 5 500 UPM. Größtes Drehmoment: 13,0 kpm DIN bei 3 000 UPM, 13,5 kpm SAE bei 3 000 UPM. Horizontal-Vergaser, Zenith-Stromberg, mit gesonderter Mischdüse für Kaltstart.

99 EA
Leistung: 87 DIN-PS bei 5 200 UPM, 95 SAE-HP bei 5 500 UPM. Größtes Drehmoment: 13,0 kpm DIN bei 3 000 UPM, 13,5 kpm SAE bei 3 000 UPM. Elektronisch gesteuerte Benzineinspritzung. Steuergerät: Bosch.

Kraftübertragung

Vorderradantrieb. Der Motor ist in Fahrzeug-Längsrichtung angeordnet und mit Kupplung, Getriebe und Differential zusammengebaut. Die Kupplung befindet sich vor dem Motor. Getriebe und Differential sind unter dem Motor angebracht. Wartungsfreie äußere und innere Antriebswellengelenke.

99
Freilauf. Hydraulisch betätigte Einscheiben-Trockenkupplung. Vier Vorwärtsgänge, alle synchronisiert. Gesamtübersetzungen: 1. Gang 13,6 :1, 2. Gang 8,6:1, 3. Gang 5,8:1, 4. Gang 4,0:1, Rückwärtsgang 13,6:1. Übersetzung Zwischengetriebe: 0,95 :1. Übersetzung Achsantrieb: 4,22:1. Theoretische Geschwindigkeit im 4. Gang bei 1 000 UPM Motordrehzahl: 28,5 km/h.

99 EA
Hydraulischer Drehmomentumwandler und automatisches 3-Gang-Planetenradgetriebe. Fabrikat: Borg Warner. Übersetzung Zwischengetriebe: 1,09:1. Übersetzung Achsantrieb: 3,82:1. Theoretische Geschwindigkeit im höchsten Gang bei 1 000 UPM Motordrehzahl und 4% Drehzahlreduktion im Wandler: 26,5 km/h.

Radaufhängung, Federung

Einzelradaufhängung vorn an Trapez-Dreiecklenkern. Leichte und starre Hinterrachse, geführt von zwei Paar Längslenkern und einem quergerichteten Panhard-Stab. Schraubenfedern und hydraulische Teleskopstoßdämpfer vorn und hinten.

Räder und Reifen

Felgen: 4.5 J × 15. Reifen, schlauchlos: 155 × SR 15.

Bremsen

Diagonal geteilte hydraulische Zweikreis-Fußbremsanlage mit Bremskraftverstärker. Scheibenbremsen vorn und hinten. Scheibendurchmesser: 269,5 mm. Gesamtreibfläche vorn und hinten: 2 266 cm^2. Die Handbremse wirkt mechanisch auf die Vorderräder über separate Trommeln.

Lenkung

Zahnstangenlenkung. Übersetzung: 19,1:1. 3⅓ Lenkradumdrehungen von Anschlag zu Anschlag. Wendekreisdurchmesser: 10,2 m.

Elektrische Anlage

Batterie: 12 Volt, 60 Ah. Drehstromlichtmaschine, max. Ladestrom/Spannung: 35 A/14 V. Anlasser: 1 PS.

Maße und Gewichte

Länge über alles: 4 354 mm. Breite über alles: 1 676 mm. Höhe über alles, unbelastet, ca: 1 450 mm. Bodenfreiheit, unbelastet, ca: 170 mm. Radstand: 2 473 mm. Spurweite vorn: 1 390 mm. Spurweite hinten: 1 400 mm. Fahrzeuggewicht, fahrfertig, ca. a) Saab 99: 1 070 kg. b) Saab 99 E Automatic: 1 100 kg. Zulässiges Gesamtgewicht: 1 530 kg. Max. Anhängelast, gebremst: 900 kg. Max. Anhängelast, ungebremst: 500 kg. Breite in Schulterhöhe, vorn: 1 358 mm. Breite in Schulterhöhe, hinten: 1 403 mm. Breite in Ellbogenhöhe, hinten: 1 540 mm. Sitzhöhe, vorn: 975 mm. Sitzhöhe im Fond: 958 mm. Kofferraum, ca: 0,35 m^3. Max. Länge des Laderaums: 1 750 mm. Tankinhalt: 48 L.

Änderungen ohne vorherige Mitteilung vorbehalten.

Technische Daten von Saab 99 und Saab 99 E Automatik, Modelljahr 1970.

setzung von 19,1 : 1 auf, der Wendekreis besaß einen Durchmesser von 10,2 m. Die Kapazität der 12-V-Batterie betrug 60 Ah, die Drehstromlichtmaschine lieferte einen maximalen Ladestrom von 35 A bei einer Spannung von 14 Volt.

Das neue Saab-Modell war 4354 mm lang (gegenüber dem Vorgängermodell Saab 96 ein Plus von 15,4 cm), 1676 mm breit (+ 9,6 cm) und 1450 mm hoch (- 2 cm). Der Radstand betrug 2473 mm, die Spurweite vorn 1390 und die hinten 1400 mm. Der Tank fasste 48 Liter, der Kofferraum etwa 350 Liter. Wurde mehr Laderaum benötigt, ließ sich der Saab 99 mit wenigen Handgriffen durch Umklappen der Rückbank in einen »Halbkombi« verwandeln mit einem Stauraumvolumen von 1000 Litern.

Vorn gab es zwei anatomisch geformte und individuell einstellbare Einzelsitze und Dreipunkt-Sicherheitsgurte. Zur Sicherheitsausstattung gehörten ferner unter anderem die Windschutzscheibe

SAAB 99

● = Serienmäßige technische Ausrüstung; Sonderzubehör**

Modell	Preis DM	MWST	Endpreis *	2,0 l Vergasermotor 95 PS	2,0 l Einspritzmotor 110 PS	Viergangschaltgetriebe	Automatikgetriebe B W 35	Sicherheitsstoßstange	Scheinwerferwisch- und Waschanlage	Halogen H 4 Hauptscheinwerfer	heizbarer Fahrersitz	Sicherheitsgurte 3-Punkt vorn	Sicherheitsgurte 3-Punkt hinten, Paar	2 Sicherheitskopfstützen	2 Polster für Kopfstützen, vorn	verschließbarer Tankdeckel	Gummimatten 4-teilig	Dachgepäckträger	Anhängerkupplung incl. TÜV-Abnahme	Drehzahlmesser mit Zeituhr	5 Alu-Felgen Typ EMS 5 J × 15	Gürtelreifen 165-SR 15	Autoradio Blaupunkt Frankfurt incl. Mittelkonsole	Autoradio Blaupunkt Hildesheim incl. Mittelkonsole	Metalleffekt-Lack silber	Metalleffekt-Lack sepia
SAAB 99 L, 2-türig, 5 Sitze	12518,01	1376,99	13895,—	●	×	●	×	●	●	●	●	●	115,—	●	75,—	20,50	68,80	126,50	277,50	222,—	1110,—	●	555,—	295,—	×	388,50
SAAB 99 L, 4-türig, 5 Sitze	13027,02	1432,98	14460,—	●	×	●	×	●	●	●	●	●	115,—	●	75,—	20,50	68,80	126,50	277,50	222,—	1110,—	●	555,—	295,—	×	388,50
SAAB 99 L AUTOMATIC, 2-türig, 5 Sitze	13292,79	1462,21	14755,—	●	×	×	●	●	●	●	●	●	115,—	●	75,—	20,50	68,80	126,50	277,50	222,—	1110,—	●	555,—	295,—	×	388,50
SAAB 99 LE, 2-türig, 5 Sitze	13486,48	1483,52	14970,—	×	●	●	×	●	●	●	●	●	115,—	●	75,—	20,50	68,80	126,50	277,50	222,—	1110,—	●	555,—	295,—	×	388,50
SAAB 99 LE, 4-türig, 5 Sitze	13990,99	1539,01	15530,—	×	●	●	×	●	●	●	●	●	115,—	●	75,—	20,50	68,80	126,50	277,50	222,—	1110,—	●	555,—	295,—	×	388,50
SAAB 99 LE AUTOMATIC, 4-türig, 5 Sitze	15099,10	1660,90	16760,—	×	●	×	●	●	●	●	●	●	115,—	●	75,—	20,50	68,80	126,50	277,50	222,—	1110,—	●	555,—	295,—	×	388,50
SAAB 99 EMS, 2-türig, 5 Sitze	15099,10	1660,90	16760,—	×	●	●	×	●	●	●	●	●	115,—	●	75,—	20,50	68,80	126,50	277,50	●	●	●	555,—	295,—	●	×

* Alle Endpreise verstehen sich verzollt, frei Frankfurt/M. als empfohlene Richtpreise

**Die Aufpreise für Sonderzubehör beziehen sich auf das montierte Zubehör incl. 11 % MWST

Preis- und Konstruktionsänderungen behalten wir uns vor

Preisliste Saab 99, Stand September 1973.

aus Verbundglas, ein abgepolsterter Innenraum, die verstärkte Sicherheits-Fahrgastzelle und Knautschzonen vorn und hinten.

Bei einem in Schweden gebauten Auto kaum verwunderlich auch, dass Heizungs- und Belüftungssystem hochwirksam ausgelegt waren. So warb Saab damit, dass die Heizung im 99 schon kurz nach dem Start ihre volle Leistung entwickelte und sich darüber hinaus auch getrennt für Fahrer-/Beifahrerraum und Fond regulieren ließ.

In Deutschland kostete der Saab 99 bei seiner Einführung im Jahr 1969 10.600 DM. Gebaut wurde das Modell über die Jahre hinweg nicht nur in Trollhättan, sondern

Den Saab 99 gab es 1974 in drei Modellvarianten, hier die Version 99 L.

Saab 99 L

Die 1974er Modelle der L-Serie sind in einigen Details noch weiter vervollkommnet worden. Besonders augenfällig: die anatomisch erprobten, schalenförmigen Sitze mit integrierten Kopfstützen. Auch die Rücksitze sind jetzt mit Nackenschutz versehen. Ein neues, besonders griffiges Sicherheitslenkrad und ein vergrößerter (5 Liter) Wasserbehälter für Scheinwerfer- und Scheibenspüler sind Beispiele für das stete Bemühen Saab's, gewonnene Erfahrungen und Erkenntnisse allen Saab-Fahrern sofort zugute kommen zu lassen und damit jeweils den besten Saab zu bauen, der technisch möglich ist.

Die großen, runden Hauptinstrumente sind tief versenkt und indirekt beleuchtet, so daß keine Reflexe auftreten können. Deutliche Ziffern, einfache Symbole und orangefarbene Zeiger heben sich vom schwarzen Hintergrund ab.

Das Heizungssystem ist für arktische Kälte gebaut. Warmluft strömt nicht nur in den vorderen Fußraum, sondern auch in den Fußraum des Fonds. Zum Entfrosten der Windschutzscheibe sind zwei große Defrosterdüsen vorhanden. Für eis- und beschlagfreie Seitenscheiben sorgt Warmluft, die durch Öffnungen in den vorderen Dachpfosten ausströmt. Die Warmluft wird auch zur neuartigen Defroster-Rampe geleitet. Von dort strömt sie durch vier Düsen gegen die gesamte Heckscheibe, die hierdurch fast so schnell und vollständig entfrostet wird, wie die Windschutzscheibe.

Ein Wagen mit verblüffend großen Innenabmessungen und sehr vernünftigen Außenmaßen.

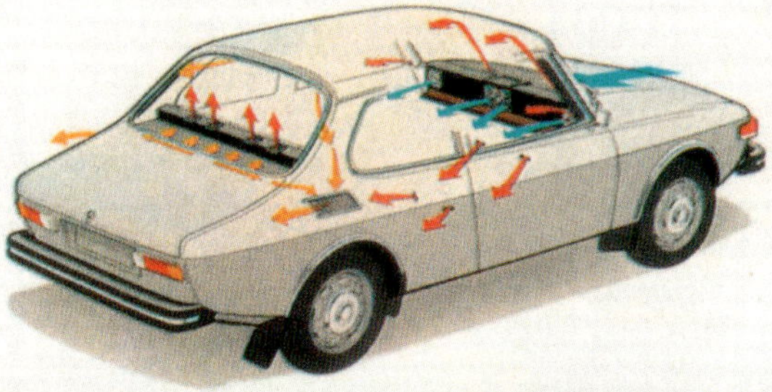

4

auch in Nystad in Finnland, wo er denn auch offiziell als Polizeiauto eingesetzt wurde, und in Mechelen in Belgien.

Der Saab 99 jedenfalls fand auch international ein überaus positives Echo. So schrieb die deutsche auto motor und sport 1969: »Der neue Typ 99 präsentiert sich in Form und Technik als modernes Auto.« Und in der englischen Autozeitschrift Car hieß es: »Die anderen Autohersteller sollten sich den Saab 99 einmal ganz genau ansehen – im eigenen Interesse. Da könnten sie allesamt noch was lernen.« Und als sie den Saab 99 mit der Don Safety Trophy auszeichnete, begründete die Jury dies un-

Saab 99 EMS

E = Elektronische Benzineinspritzung
M = Manuelles Schaltgetriebe
S = Spezialausführung

Das Modell für die besonders Anspruchsvollen unter den Autofahrern, die immer noch ein kleines bisschen mehr verlangen als andere.

Die elegante Lackierung in silbermetallic ist ausschließlich dem Modell EMS vorbehalten. Sie harmoniert gut mit den 5 Zoll breiten Aluminiumfelgen, die für den EMS entwickelt wurden. Sie sind besonders stark, wie härteste Tests auf schlechten Straßen bewiesen haben. Stahlgürtelreifen 165 SR × 15 gehören ebenfalls zur Serienausstattung.

Die sehr aufwendige Konfektionierung der Sitze ist der augenfälligste Unterschied zum 99 L. Die Tür- und Seitenverkleidungen sind von Saab neu entwickelt worden. Sie absorbieren Stoßenergie. Zusammen mit dem stählernen Flankenschutz, den alle Saab-Modelle haben, bilden sie das Maximum an Schutz für die Insassen bei seitlichem Aufprall. Ein neues Sicherheitslenkrad sowie ein Drehzahlmesser vervollständigen die exclusive Ausstattung des EMS.

6

Die »Spezial«-Ausführung Saab 99 EMS von 1974.

Saab 99 X7

Der Saab 99 L und der EMS zählen zu den bestausgerüsteten Wagen auf dem Markt.

Die Marktverhältnisse in einigen Ländern verlangen jedoch, einen Saab anzubieten, der zwar alle wesentlichen Saab-Vorzüge hat, in seiner Serienausstattung jedoch dem Marktüblichen entspricht. Dieser Saab 99 heißt nach seiner Projekt-Bezeichnung X7. Die Karosserie ist die gleiche wie bei allen Saab 99-Modellen, mit den gleichen umfassenden Sicherheitsausstattungen.

Der Unterschied zu den L-Modellen liegt von der Optik her in normal üblichen Stoßstangen und weniger aufwendig gestalteten Vordersitzen. Der Unterschied von der Technik her: statt des Zwei-Liter-Motors der L-Modelle ist der X7 mit dem bewährten 1,85-Liter-Motor ausgerüstet, der eine Leistung von 88 DIN PS (65 kW) bietet. Dieses Modell wird nicht auf allen Märkten angeboten.

Kurvengriff am Armaturenbrett ist nicht in der Grundausrüstung enthalten.

9

Als X7 gab es den Saab 99 nur in Österreich und der Schweiz.

Technische Daten

	Saab 99 L	Saab 99 EMS	Saab 99 X7	Saab 95/96 V4
Motortyp/Hubraum	4-Zyl. Reihenmotor/1985 cm^3	4-Zyl. Reihenmotor/1985 cm^3	4-Zyl. Reihenmotor/1854 cm^3	4-Zyl. V-Motor/1498 cm^3
Bohrung/Hub	90,0/78,0 mm	90,0/78,0 mm	87,0/78,0 mm	90,0/58,86 mm
Verdichtung	8,7:1	8,7:1	9,0:1	9,0:1
Max. Leistung, DIN	95 PS (70 kW) 5200 U/min	110 PS (81 kW) 5500 U/min	88 PS (65 kW) 5000 U/min	65 PS (48 kW) 4700 U/min
Max. Drehmoment, DIN	16 mkg (157 Nm) 3500 U/min	17 mkg (167 Nm) 3700 U/min	15 mkg (147 Nm) 3000 U/min	11,7 mkg (115 Nm) 2500 U/min
Nockenwelle	obenliegende	obenliegende	obenliegende	zentral angebracht
Ganganzahl	4 (Automatik 3)	4	4	4
Übersetzung Achsantrieb	3,89:1	3,89:1	3,89:1	4,88:1
Batterie	12 V/60 Ah	12 V/60 Ah	12 V/44 Ah	12 V/60 Ah
Drehstromlichtmaschine	35 A	55 A	35 A	35 A
Kraftstofftank, Inhalt	45 Liter	45 Liter	45 Liter	42/38 Liter
Oktanbedarf	94	94	97	97
Reifen	165 SR×15	165 SR×15 Stahlgürtel	155 SR×15	155 SR×15
Gesamtlänge	4420 mm	4420 mm	4370 mm	4300/4200 mm
Gesamtbreite	1690 mm	1690 mm	1690 mm	1590 mm
Höhe, unbeladen	1440 mm	1440 mm	1440 mm	1490/1470 mm
Radstand	2473 mm	2473 mm	2473 mm	2498 mm
Spurweite vorn	1390 mm	1400 mm	1390 mm	1220 mm
Spurweite hinten	1400 mm	1410 mm	1400 mm	1220 mm
Fahrzeuggewicht fahrfertig	1130–1170 kg, ung.	1130 kg, ung.	1090 kg, ung.	970/910 kg, ung.
Zulässiges Gesamtgewicht	1560–1600 kg, ung.	1560 kg, ung.	1520 kg, ung.	1540/1350 kg, ung.
Gepäckraum, nach SAE	347 Liter	347 Liter	347 Liter	210 Liter
Ladelänge, geklappte Rückenlehne	1720 mm	1720 mm	1720 mm	1650/1520 mm
Wendekreisdurchmesser	10,5 m	10,5 m	10,5 m	10,8 m

Der Hersteller behält sich das Recht vor, die in dieser Broschüre beschriebenen Wagenmodelle ohne vorherige Ankündigung zu ändern.
Die Bilder dieser Broschüre zeigen Autos, die für den schwedischen Markt bestimmt sind.
Servolenkhilfe, Radiokonsole und lose Kissen für die Kopfstützen sind als Zubehör erhältlich.

SAAB-SCANIA

Bereich-Saab-PKW • Nyköping, Schweden

Technische Daten des Saab-Modelljahrgangs 1974.

ter anderem so: »Der Saab 99 ist sicherheitstechnisch das Beeindruckendste, was auf dem britischen Markt zu finden ist.« Aber auch auf der anderen Seite des Atlantiks war das Urteil eindeutig. In den USA informierte Motor Trend: »Autofahrer der Zukunft, aufgepasst: Euer Auto ist da. Es kommt aus Schweden und ist ein Saab.«

VON MODELLJAHR ZU MODELLJAHR

Gab es die ersten Verbesserungen am Saab 99 dank des eingangs erwähnten »Testjahrs« schon vor der Auslieferung an die Kunden, so sollte auch in der gesamten Bauzeit kaum ein Jahr vergehen, in dem

Saab 99 – viel Vernunft und viel Vergnügen.

Äußerlich ist das einzig Auffällige am Saab 99 seine Unauffälligkeit. Denn wer so viel zu bieten hat, wie der Saab, kann es sich leisten, auf jegliche Show-Effekte zu verzichten.

Dieses gewisse Understatement entspricht auch der Persönlichkeit und der Grundhaltung der Saab-Besitzer. Darum hat dieses Automobil überall in der Welt seinen ganz speziellen Käuferkreis.

Denn der Saab 99 will nicht nur mit seiner aerodynamisch funktionellen Form das Auge gewinnen, er will vielmehr mit seinen vernünftigen technischen Lösungen den Verstand überzeugen.

Deshalb hat der Saab 99 den Motor vorn und Frontantrieb. Deshalb hat er eine so durchdachte Sicherheitskarosserie mit Knautschzonen vorn und hinten und kräftigen Stahlprofilen rund um die Fahrgastzelle. Und deshalb bietet er in Bezug auf Sicherheit und Komfort so viele hochinteressante Detaillösungen.

Immerhin besteht der Saab 99 aus annähernd 15 000 Einzelteilen, die in der Mehrzahl individuell entwickelt wurden. Die Harmonie im Zusammenspiel dieser Teile macht das technische Niveau eines Automobils deutlich. Hier zeigt sich, wie sorgfältige Ingenieursarbeit bis ins kleinste Detail schließlich zu dem großen Vergnügen führt, daß Sie beim Fahren empfinden.

Sie spüren es an dem geschmeidigen Lauf des Saab 99, an seiner Handlichkeit und seinen exakten Reaktionen. Sie fühlen es an der komfortablen Federung, die auch dann komfortabel bleibt, wenn die Straße schlecht ist. Sie hören es am leisen Lauf. Und Sie genießen es, ein so sicheres, kraftvolles und leicht beherrschbares Auto zu fahren.

Technische Qualität ist, wie Sie erfahren werden, bei Saab kein Schlagwort sondern das Ergebnis einer Grundphilosophie, die in allen Details nach intelligenteren Lösungen strebt und so ein rundum harmonisches Auto schafft.

Vernunft kann auch Vergnügen machen ... Prospekt von 1975.

das neue Modell nicht weiter optimiert worden wäre.

1970

Ab Mai war der Saab 99 auch als viertürige Limousine lieferbar. Wahlweise gab es den Saab 99 jetzt auch als 99 EA mit Dreigang-Automatik von Borg-Warner. Der Motor war im Prinzip mit dem des 99 identisch, verfügte jedoch über eine elektronische Benzineinspritzung, die ihm zu einer Mehrleistung von 7 PS verhalf. Ab August gab es auch einen auf 1,85 Liter Hubraum vergrößerten Motor, wahlweise mit elektronischer Benzineinspritzung von Bosch. Die Leistung der drei Motoren betrug 80, 86 und 95 PS, den schwächsten der drei gab es nur mit manueller Viergangschaltung, den stärksten dagegen nur mit der Borg-Warner-Dreigang-Automatik. Die freie Wahl hatte der Kunde lediglich bei der 86 PS starken 1,85-Liter-Variante ohne elektronische Benzineinspritzung. Der Drehmomentwandler des Automatikgetriebes saß wie die Kupplung beim Vergasermodell mit manueller Schaltung vor dem Motorblock. Ebenfalls neu beim Modelljahrgang 1970: Eine an die Zündung gekoppelte, automatische Ein-/Abschaltung der Scheinwerfer.

Im Produktionsjahr 1970 rollte in Trollhättan mit einem Saab 99 der 500.000ste Saab vom Band.

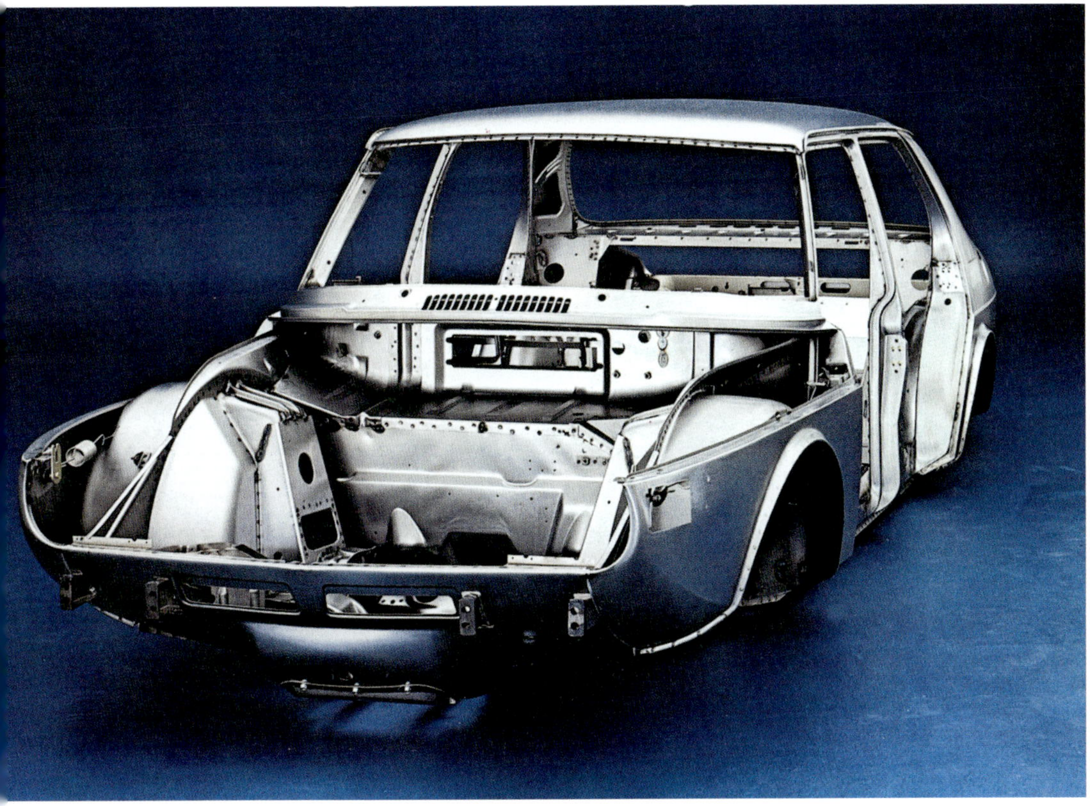

Mit dem Spruch »Sicherheit aus Schwedenstahl« warb zwar ein anderer Hersteller, aber genau wie bei diesem Saab 99 muss sie ausgesehen haben ...

1971

Im neugestalteten Armaturenbrett fanden sich nun drei reflexfrei eingelassene Rundinstrumente. Für die Scheinwerfer gab es jetzt ein Wisch-Wasch-System, 40-mal pro Minute wurden die Wischerblätter von einem Gestänge über den Rechteckscheinwerfern hin- und herbewegt. (Aufgrund besonderer Vorschriften in den USA wurde der Saab 99 dort mit vier Rundscheinwerfern ausgeliefert, eine Scheinwerfer-Reinigung war deshalb hier nicht erhältlich.) Die Karosserie wurde von diesem Jahr an in einem Elektrophorese-Tauchbad grundiert. Ab Herbst gab es für den Saab 99 eine thermostatgeregelte Sitzheizung für den Fahrer, neu waren auch die von nun an energieabsorbierenden Stoßstangen, die einen Aufprall mit bis zu 5 km/h schadfrei überstehen sollten.

1972

Anfang des Jahres erschien der Saab 99 EMS, eine besonders sportliche und luxuriös ausgestattete Hochleistungsvariante, in die erstmals der neue 2,0-Liter-Motor (exakt 1985 cm³) mit 110 PS eingebaut worden war. (Die drei Buchstaben »EMS« standen übrigens für elektronische Benzineinspritzung, mechanisches Getriebe und Spezial.) Der Motor war eine Weiterentwicklung des 1,85-Liter-Aggregats, an der zwar sowohl Ricardo als auch Triumph noch beteiligt gewesen waren, doch entwickelt und gebaut wurde er in der Motorenfabrik von Saab-Scania in Södertälje. (1969 hatten sich Saab und Scania-Vabis zur Saab-Scania AB zusammengeschlossen.) Der Motor war also der erste, der von Saab selbst gebaut wurde, und Dank einer geänderten Brennraumform und einer geringeren Verdichtung erfüllte er die neuesten, strenger gewordenen Angasnormen. Den 99 EMS gab es nur zweitürig, äußerlich erkennbar war er am schwarzen Kühlergrill und den breiten Aluminiumfelgen. Ab Herbst gab es den 2-Liter-Motor auch in den anderen 99-Varianten, in der Vergaser-Version leistete er immerhin noch 95 PS.

1973

Vom Modelljahr 1973 an gab es den Saab 99 mit einem neuen Seitenaufprallschutz, der aus Stahlträgern in den Türen bestand. Ebenfalls neu waren von diesem Modelljahr an Halogenscheinwerfer und ein durchgehender Fahrzeughimmel aus energieabsorbierendem Material.

Als neues Einstiegsmodell in die 99er-Klasse fungierte jetzt der Saab 99 L, ein Zweitürer mit Basisausstattung und der 1,85-Liter-Maschine.

1974

Saab präsentierte das 99 Kombi-Coupé, ein Sport-Coupé mit großer Heckklappe, die bis auf Stoßstangehöhe herunterreichte und ein bequemes Beladen des ebenen Kofferraumes ermöglichte.

Kopfstützen, seit 1969 optional angebo-

Modellpalette Saab 99 im Modelljahr 1976.

ten, gehören von diesem Modelljahr an zur Serienausstattung (in den USA waren sie schon seit 1969 serienmäßig).

1975

Von 8,7 auf 9,25 : 1 wurde die Verdichtung des 2-Liter-Motors beim Modelljahrgang 1975 erhöht, die Leistung stieg dadurch bei der Vergaser-Version auf 100, bei der Einspritz-Version auf 118 PS. Gleichzeitig wurden die Scheibenbremsen verstärkt und die Lenkung leichtgängiger gemacht.

Das Volumen des Benzintanks wurde in allen 99er-Modellen auf 55 Liter erhöht.

1976

Der Saab 99 L hieß fortan 99 GL, aus dem Saab 99 GL Automatic wurde der Saab 99 GL Super Automatic. Letzterer erhielt von nun an einen Doppelvergaser anstelle der Einspritz-Anlage, sein Motor leistete damit noch 108 PS statt der bisherigen 118. Aus dem Kombi-Coupé 99 LE wurde das Kombi-Coupé 99 GL Super, bei dem jedoch die Servolenkung nicht länger zur Serienausstattung zählte.

Im Januar wurde auf dem Brüsseler Autosalon der Saab 99 GLE vorgestellt. Für dieses Modell hatten die Schweden den 99 GL mit dem 118 PS starken Motor aus dem EMS versehen und ihm dazu noch Getriebeautomatik, Servolenkung, Alufelgen, Nebelscheinwerfer, getönte Scheiben, heizbare Vordersitze, elektrisch verstellbare Außenspiegel und Stereolautsprecher spendiert. Der nach wie vor nur zweitürig lieferbare EMS war noch sportlicher abgestimmt als der GLE, seine Lenkung war noch etwas direkter ausgelegt worden und außerdem hatte er noch einen Frontspoiler aufzuweisen.

Auf dem Genfer Autosalon präsentiert Saab das Kombi-Coupé 99 als Viertürer mit Heckklappe, ds neben den zwei zusätzlichen Türen als besonderes Merkmal über kleine Fenster in den hinteren Dachholmen verfügte. Zu haben war dieser Saab 99 GL Kombi-Coupé 5 lediglich mit dem Doppelvergaser-Motor, der 108 PS leistete, wählen konnte der Kunde hingegen zwischen Handschaltung und Automatikgetriebe.

1977

Im Modelljahr 1977 erhielten die 99er-Modelle größere Rückleuchten, die zudem mit je zwei Birnchen ausgestattet waren. Größer waren auch die vorderen Blinklichter und die Rückspiegel geworden. Das Lenkrad war noch sicherer gestaltet, die Belüftung in ihrer Wirkung nochmals verbessert worden.

Höhepunkt des Saab-Jahres 1977 jedoch und eine kleine Sensation auf der IAA 1977 in Frankfurt war die Präsentation des Saab 99 Turbo. Der Saab Turbo der ersten Generation erreichte mit seinen 145 PS aus dem aufgeladenen 1985-cm³-Motor eine Spitzengeschwindigkeit von 200 km/h und beschleunigte von 0 auf 100 km/h in 8,9 Sekunden, von 60 auf 100 km/h im vierten Gang in 9 Sekunden. Beim ersten Saab Turbo handelte es sich um ein dreitüriges Kombi-Coupé, dessen Motor mit einer Bosch-K-Jetronic und einem Garrett-Turbolader bestückt war. Bis dato waren Turbolader im Automobilbau erfolgreich fast ausschließlich im Rennsport eingesetzt worden.

1978

Ab dem Modelljahr 1978 gab es den Saab 99 GLE auch als Fünftürer. Modelle mit Getriebeautomatik erhielten von nun an einen Ölkühler. Ebenfalls 1978 führt Saab (als Neuheit zunächst im Modell 900) den Innenraum-Luftfilter ein, der vielen Allergikern das Reisen im Saab sehr viel angenehmer macht.

1979

In diesem Modelljahr wurde erstmals der Saab 900 angeboten. Der Saab 99 wurde aber noch bis 1984 gebaut. Neuerungen waren unter anderem ein größerer, jetzt aus Kunststoff gefertigter Benzintank, eine nochmals verstärkte Hinterachse und eine modifizierte Vorderradaufhängung.

In Schweden, Deutschland, Holland und der Schweiz wurde ein zweitüriges Sondermodell des 99 Turbo angeboten, das in Weiß oder Grün-Metallic zu haben war.

1980

Saab führte die Automatic Performance Control (APC) ein, mit deren Hilfe die Turbo-Modelle mit Kraftstoffen unterschiedlicher Oktanzahl betrieben werden konnten.

Der Saab 99 GL war im Verbrauch spar-

Lichtschalter aus Sicherheitsgründen links vom Lenkrad. Lichtautomatik – die Scheinwerfer werden mit dem Zündschlüssel ein- und ausgeschaltet.

Handbremse, Sch[illegible]bel und Zündschlüssel[illegible]en an der idealen Stelle – in der leicht zugänglichen Konsole zwischen den Vordersitzen.

Bedienungsorgane und Schalter in einer separaten Leiste gesammelt, indirekt durch einen Lichtbündelstab beleuchtet. Kontrolleuchte für den Choke. Tageskilometerzähler.

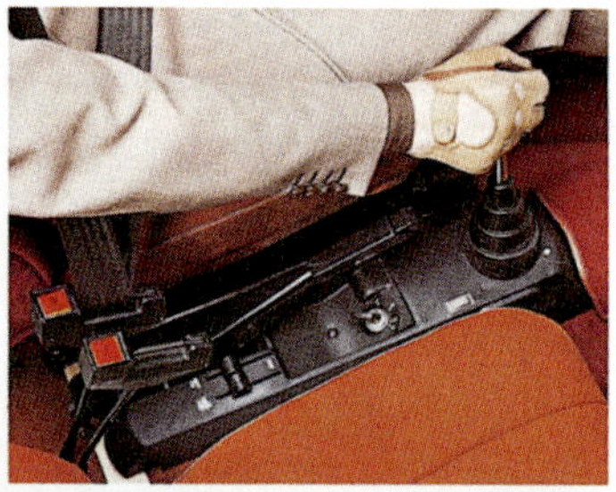

Saab 99 GL – was das Vergnügen ausmacht, ihn zu fahren.

Auch wenn Sie nicht zu Ihrem Vergnügen unterwegs sind, warum sollten Sie keinen Spaß am Fahren haben? Der Saab 99 GL sorgt dafür. Er ist schnell – wenn Sie wollen. Und er ist sicher – bei jeder Geschwindigkeit. Sein Frontantrieb und die günstige Gewichtsverteilung verleihen ihm eine überdurchschnittliche Richtungsstabilität. Der gute Kontakt zwischen Auto und Fahrbahn ist ein wichtiges Merkmal dafür.

Der gute Kontakt zwischen Fahrer und Auto ist ein anderes, typisches Saab Erlebnis. Die durchdachte, Gestaltung des Cockpits, aller Hebel und Instrumente, der hohe Sitzkomfort des vielfältig verstellbaren, beheizten Fahrersitzes, mit eingebauter flexibler Kreuzstütze und die Handlichkeit des Saab 99 GL lassen Sie spüren, daß dieses Auto für Ihre Bequemlichkeit gebaut wurde.

Das wirksam gepolsterte Armaturenbrett ist aus stoßnachgiebigen Trennwänden aufgebaut, zur Energieaufnahme für maximale Schadensminderung. Effektiver Schutz auch für die Knie durch die schlagzähe Trennwand unter dem Armaturenbrett.

Das Defrostersystem umfaßt auch Luftkanäle zu den vorderen Seitenscheiben, mit Austrittsöffnungen in der Pfostenpolsterung.

Bei jedem Saab erfolgen Antrieb und Lenkung durch die Räder mit der besten Griffigkeit – die Vorderräder. Das macht ihn sicher und richtungsstabil.

Der dreifache Effekt der aerodynamisch günstig gestaltete Karosserie: Sie verringert Seitenwindempfindlichkeit, Benzinverbrauch und Fahrtwindgeräusche.

Wenn der Zündschlüssel abgezogen wird, erlöschen die Scheinwerfer. Keine Gefahr der unbeabsichtigten Batterieentladung. Separat geschaltetes Standlicht.

Ein gut durchdachter, biotechnologisch richtig gestalteter Fahrerplatz. Oft als Vorbild hingestellt.

Den Saab 99 GL des Modelljahrs 1976 gab es als Limousine mit zwei und mit vier Türen.

Die Stoßstangen tragen Zusammenstöße bei Geschwindigkeiten bis 8 km/h, ohne Verformung und ohne Beschädigung der Karosserie.

Saab 99 L – das Grundmodell mit allen Sicherheitsdetails.

Form und Elastizität der Sitze sorgen auf langen Reisen für entspanntes Fahren.

Für die vorderen Rückenlehnen gibt es 7 verschiedene Neigungswinkel. In Längsrichtung können die Sitze ganze 175 mm verschoben werden.

Der Fondsitz im Saab 99 L ist von gleicher Ausführung wie beim Saab 99 GL. Breit und mit angenehm weicher Polsterung. Für maximalen Sitzkomfort.

Die Gestaltung und Anordnung von Hebeln, Bedienungsorganen und Instrumenten entspricht dem vielfach gelobten Saab-Konzept.

Viele Kontrolleuchten: für Bremsfunktion, Kraftstofftank, Öldruck, Ladekontrolle, Blinker, Fernlicht, Choke, Warnblinkanlage und Sicherheitsgurt-Warnung.

Auch der Saab 99 L ist ein Halbkombi, d.h. der Kofferraum läßt sich durch Vorklappen von Rücksitz und hinterer Rückenlehne leicht verdoppeln.

Die speziellen Verhältnisse auf einigen Märkten machen es notwendig, eine etwas weniger luxuriöse Version des Saab 99 in einer niedrigeren Preisklasse anzubieten.

Dieses Grundmodell hat jedoch in Bezug auf die Technik alle berühmten Saab-Eigenschaften. Und auch in punkto Sicherheit besteht kein Unterschied zu den GL-Modellen. Es hat z. B. die gleichen Sicherheitsstoßstangen und das formgepreßte stoßenergieabsorbierende Innendach.

Lediglich die Vordersitze sind vom Typ wie beim Saab 96 L und 95 L, aber ohne beheizten Fahrersitz und die Bodenteppiche wurden durch Gummimatten ersetzt.

Dieses Modell ist nicht auf allen Märkten erhältlich.

Verdiente besondere Betonung: Sicherheit bis ins letzte Detail schon beim Grundmodell des Saab 99, dem 99 L des Modelljahrs 1976.

Farbpalette für die Modelle Saab 99 L Sedan und Saab 99 GL Sedan, Modelljahr 1976.

Für das Saab 99GL Kombi-Coupé gab es zum Modelljahr 1976 einen eigenen Prospekt.

Was das Vergnügen ausmacht, ihn zu fahren.

Auch wenn Sie nicht zu Ihrem Vergnügen unterwegs sind, warum sollten Sie keinen Spaß am Fahren haben? Das Saab 99 Combi Coupé sorgt dafür. Es ist schnell – wenn Sie wollen. Und es ist sicher – bei jeder Geschwindigkeit. Sein Frontantrieb und die günstige Gewichtsverteilung verleihen ihm eine überdurchschnittliche Richtungsstabilität. Der gute Kontakt zwischen Auto und Fahrbahn ist ein wichtiges Merkmal dafür.

Der gute Kontakt zwischen Fahrer und Auto ist ein anderes, typisches Saab Erlebnis. Die durchdachte Gestaltung des Cockpits, aller Hebel und Instrumente, der hohe Sitzkomfort des höhenverstellbaren, beheizten Fahrersitzes, mit eingebauter, flexibler Kreuzstütze und die Handlichkeit des Combi Coupé lassen Sie spüren, daß dieses Auto für Ihre Bequemlichkeit gebaut wurde.

Ein gut durchdachter, biotechnologisch richtig gestalteter Fahrerplatz. Oft als Vorbild hingestellt.

Biotechnologische Gestaltung der Fahrerumgebung: Wenn das kein Vergnügen verspricht …

Das reichlich gepolsterte Armaturenbrett ist aus stoßnachgiebigen Trennwänden aufgebaut, zur Energieaufnahme für maximale Schadensminderung.

Lichtschalter aus Sicherheitsgründen links vom Lenkrad. Lichtautomatik – die Scheinwerfer werden mit dem Zündschlüssel ein- und ausgeschaltet.

Handbremse, Schalthebel und Zündschlüssel sitzen an der idealen Stelle – in der leicht zugänglichen Konsole zwischen den Vordersitzen.

Bedienungsorgane und Schalter in einer separaten Leiste gesammelt, indirekt durch einen Lichtbündelstab beleuchtet. Kontrolleuchte für den Choke. Tageskilometerzähler.

Das Defrostersystem umfaßt auch Luftkanäle zu den vorderen Seitenscheiben, mit Austrittsöffnungen in der Pfostenpolsterung.

Bei jedem Saab erfolgen Antrieb und Lenkung durch das Räderpaar mit der besten Griffigkeit – die Vorderräder. Sicher und richtungsstabil, auch auf schlechten Fahrbahnen.

Aerodynamisch günstig gestaltete Karosserie trägt zur Verminderung der Seitenwindempfindlichkeit, zum Absenken des Benzinverbrauches und zur Reduzierung der Fahrtwindgeräusche bei.

Wenn der Zündschlüssel abgezogen wird erlöschen die Scheinwerfer. Keine Gefahr der unbeabsichtigten Batterieentladung. Separat geschaltetes Standlicht.

Saubere Scheinwerferscheiben durch die Wisch-/Waschanlage. Scheinwerfereinstellung von außen.

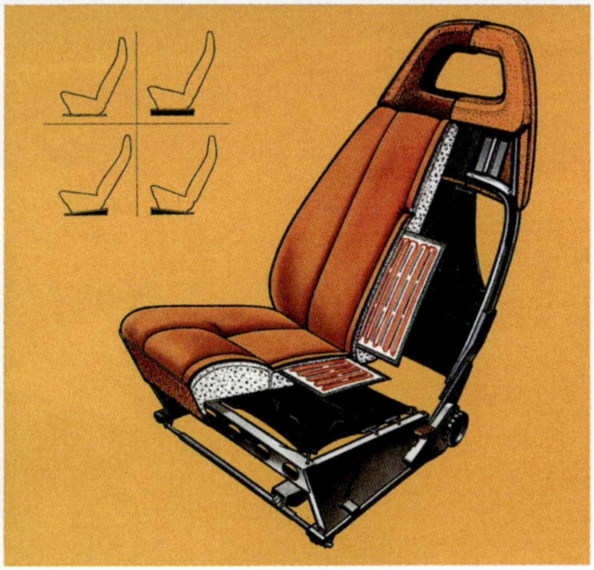

Stufenlose Neigungsverstellung der Rückenlehne bis zur Liegestellung.

Automatische Beheizung des Fahrersitzes. Wird nach Drehen des Zündschlüssels bei Temperaturen unter +14°C ein- und bei angenehmen 27°C wieder ausgeschaltet.

Türen- und Seitenverkleidungen aus stoßenergieabsorbierendem Material ergänzen den Flankenschutz in den Türen.

Details, die im Saab 99GL Kombi-Coupé zum Vergnügen beitragen sollten.

1976 stellten die Schweden ihr 99GL Kombi-Coupé auch mit 5 Türen vor.

Technische Daten des 5-türigen Saab 99GL Combi Coupé	
Motortyp	4-Zylinder in Reihe
Hubraum	1,985 dm³
Zylinderbohrung/Hub	90/78 mm
Verdichtung	9,2:1
Leistung, DIN	79 kW (108 PS) bei 5200 U/min
Höchstes Drehmoment, DIN	164 Nm (16,7 kpm) bei 3300 U/min
Ventilsteuerung	obenliegende Nockenwelle
Anzahl der Gänge	4 bei Handschaltgetriebe 3 bei Automatic-Getriebe
Gesamtuntersetzung im obersten Gang	3,89:1 (Handschaltgetriebe)
Vergaser Zenith-Stromberg	zwei 150 CD-2S(E)
Batterie	12 V/60 Ah
Lichtmaschine	55 A/14 V
Anlasser	0,8 kW (1,1 PS)
Fassungsvermögen des Tanks	55 Liter
Empfohlene Oktanzahl	97 RON (86 MOZ)
Räder	5 J FHA × 15″
Reifen	165 SR 15, Stahlgürtel

Länge/Breite über alles	4530/1690 mm
Höhe, unbeladen	1440 mm
Radstand	2473 mm
Spurbreite vorn/hinten	1400/1420 mm
Ladelänge bei umgeklappter Rücksitzbank	1840 mm
Laderaumkapazität max.	1500 Liter
Leergewicht fahrfertig, ca.	1220 – 1230 kg
Gesamtgewicht, ca.	1680 – 1690 kg

12 Monate Garantie ohne Kilometerbegrenzung.

Der Hersteller behält sich das Recht vor technische und Ausstattungsdetails ohne Vorankündigung zu ändern.

Die Abbildungen zeigen Fahrzeuge in der Ausstattung für den schwedischen Markt.

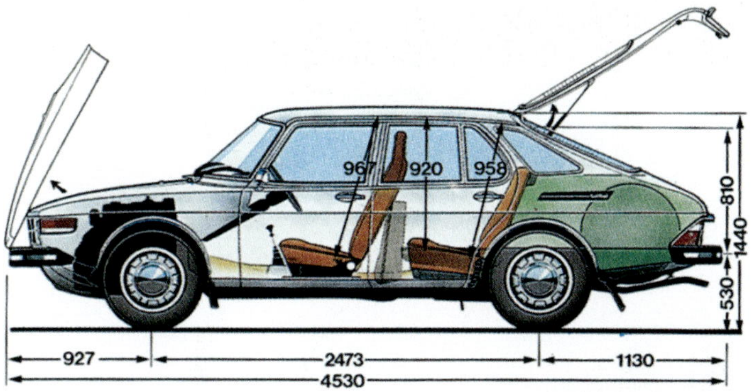

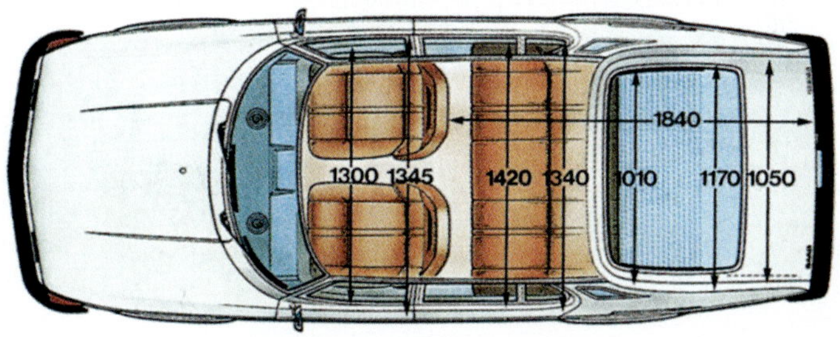

SAAB

Saab-Scania, Bereich Saab-PKW
Nyköping, Schweden

Technische Daten des fünftürigen Kombi-Coupés, Modelljahr 1977.

1977 stellte Saab auf der IAA mit dem Saab Turbo das neue Spitzenmodell der Baureihe 99 vor.

Saab Turbo, die neue Kombination: Kraft und Komfort, Schnelligkeit und Sicherheit.

Turbo. Das klingt nach Höchstgeschwindigkeit, Rennstrecke und Sportwagen. Doch nichts davon trifft auf den neuen Saab Turbo zu. Er ist anders. Anders als alle Turbo-Projekte, die bisher realisiert wurden. Bei ihm sind die Zielvorstellungen des modernen Motorbaus verwirklicht: Hohe Leistungsreserven, Elastizität, Wirtschaftlichkeit, Fahrkomfort und Umweltschutz.

Der Saab Turbomotor ist auf den normalen Alltagsverkehr abgestimmt. Souveränes Überholen auf Landstraßen, der kraftvolle Antritt auf der Autobahn und die große Durchzugskraft auch an langen Steigungen sind seine Paradedisziplinen.

Ein kurzer Ausflug in die Technik zeigt, daß es sich hier um einen absolut neuen Motortyp handelt. Bei ruhiger Fahrweise arbeitet er als Saugmotor. Erst beim Beschleunigen setzt der Turbolader ein. Und das bereits im unteren Drehzahlbereich, zwischen 1500 und 2000 U/min. In weniger als 10 Sekunden sprintet er auf 100 km/h und erreicht seine Höchstgeschwindigkeit von knapp 200 km/h.

Diese ungewöhnlichen Werte verbindet der frontangetriebene Saab Turbo mit guter Straßenlage, hoher Sicherheit, Geräumigkeit, Komfort und der Lademöglichkeit eines Kombi

samer geworden. Vor allem eine längere Übersetzung des Vierganggetriebes bewirkte eine Verbrauchssenkung bei dem 2-Liter-Motor um knapp 0,5 Liter pro 100 Kilometer. Die Fahrleistungen blieben dabei nahezu unverändert.

Alle 99er-Modelle erhielten jetzt die Sitze aus dem Saab 900 und in der Höhe komplett verstellbare Kopfstützen.

1981

Zusätzlich zu den Front- erhielten die 99er jetzt auch die Fondsitze aus dem Saab 900. Außerdem gab es ein neues Lenkrad und serienmäßig von innen einstellbare

Die neue Turbotechnologie von Saab.

Wie ein Abgasturbolader funktioniert:
Die Leistung eines Verbrennungsmotors hängt von zahlreichen Faktoren ab. Der wichtigste ist die durchsetzte Gasmenge, das heißt die Zylinderfüllung pro Arbeitsspiel. Der Füllungsgrad eines Saugmotors liegt jedoch immer unter 100 Prozent, im Schnitt pendelt er sich bei etwa 80 Prozent ein. Durch Aufladung kann der Gasdruchsatz gesteigert und die Motorleistung enorm erhöht werden.

Der Lader besteht im wesentlichen aus zwei Schaufelrädern, die durch eine feste Welle miteinander verbunden sind. Ein Rad sitzt dabei im Ansaugsystem, das andere im Auspuff. Beginnt nun der Motor zu laufen, treiben die ausströmenden Abgase die kleine Turbine im Auspuffsystem an. Diese wiederum dreht ihre fest verbundene Schwester im Ansaugtrakt mit: Zusätzliche Frischluft wird in den Motor geschaufelt, verbrannt, ausgepufft ... Die beiden Turbinenräder schaukeln sich gegenseitig zu immer höheren Drehzahlen auf.

Beim Ottomotor setzt die Klopffestigkeit des Benzins diesem Spiel ein jähes Ende. Durch den höheren Füllungsgrad in den Brennräumen steigen Druck und Temperatur so stark an, daß das Benzin-Luftgemisch sich unkontrolliert selbst entzündet und den Motor in kurzer Zeit außer Gefecht setzt.

Um diese Überladung zu verhindern, öffnet sich bei einem bestimmten Druck ein Ventil, das einen Teil der Abgase am Turbo vorbei in den Auspuff leitet. Der Turbo wird gedrosselt, zumindest aber wird seine Leistung bis zur Höchstdrehzahl des Motors konstant gehalten.

Der Vorteil des Turbosystems ist, daß es theoretisch nahezu mit jedem Verbrennungsmotor gekoppelt werden kann. Auslegung, Effekt und Zielrichtung weichen dabei natürlich sehr weit voneinander ab.

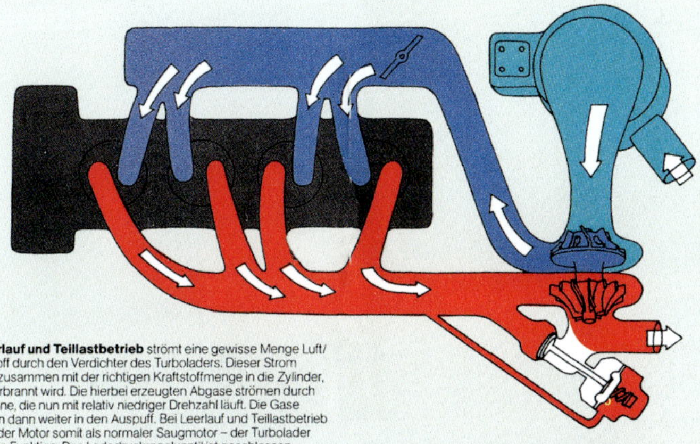

Bei **Leerlauf und Teillastbetrieb** strömt eine gewisse Menge Luft/Sauerstoff durch den Verdichter des Turboladers. Dieser Strom gelangt zusammen mit der richtigen Kraftstoffmenge in die Zylinder, wo er verbrannt wird. Die hierbei erzeugten Abgase strömen durch die Turbine, die nun mit relativ niedriger Drehzahl läuft. Die Gase gelangen dann weiter in den Auspuff. Bei Leerlauf und Teillastbetrieb arbeitet der Motor somit als normaler Saugmotor – der Turbolader ist nicht in Funktion. Das Ladedruckregelventil ist geschlossen.

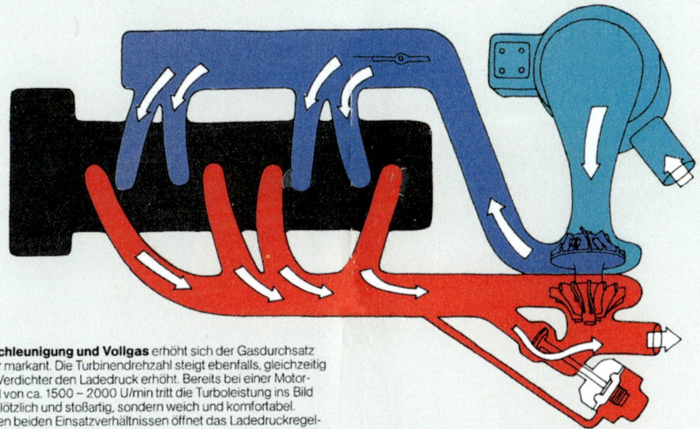

Bei **Beschleunigung und Vollgas** erhöht sich der Gasdurchsatz im Motor markant. Die Turbinendrehzahl steigt ebenfalls, gleichzeitig wie der Verdichter den Ladedruck erhöht. Bereits bei einer Motordrehzahl von ca. 1500 – 2000 U/min tritt die Turboleistung ins Bild – nicht plötzlich und stoßartig, sondern weich und komfortabel. Bei diesen beiden Einsatzverhältnissen öffnet das Ladedruckregelventil, und überflüssige Abgase werden an der Turbine vorbeigeleitet.

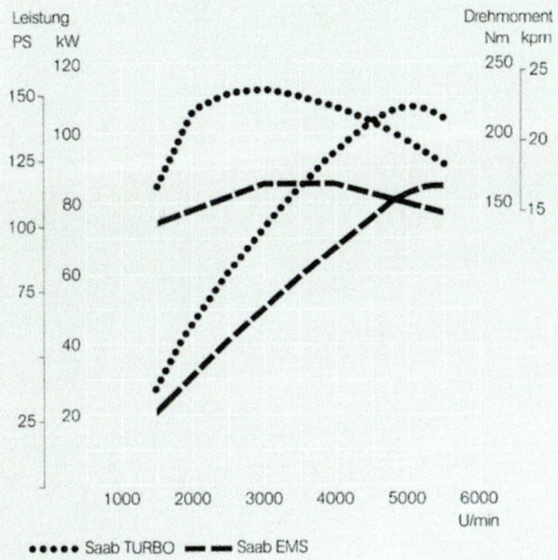

Das Turbo-Prinzip bedurfte natürlich zunächst ausführlicher Erläuterung. Prospekt für das Modelljahr 1978.

Außenspiegel. Zudem besaßen die Außenspiegel im Modelljahr 1981 erstmals ein asphärisches Weitwinkelfeld, wofür Saab mit dem Sicherheitspreis des Automobilclubs von Deutschland ausgezeichnet wurde.

1982

Der H-Motor, der 1981 im Saab 900 eingeführt worden war, trieb nun auch alle Saab 99 an. Bezeichnet ist dieser Motor nach dem H-Prinzip, nach welchem man auf die aus einer höheren Verdichtung erzielten Mehrleistung zugunsten eines geringeren Verbrauchs verzichtet.

1983

Als weltweit erster Automobilhersteller bestückte Saab alle neuen Pkws ab dem Modelljahr 1983 mit asbestfreien Bremsbelägen. Die 99er-Modelle erhielten unter anderem neue Stoßfänger und einen neuen Grill, der dem des Saab 900 ziemlich ähnlich sah.

1984

Die Zündung aus dem 99 Turbo wurde nun in alle Saab-Modelle eingebaut. 1984 war für den Saab 99 das letzte Modelljahr, im Jahr darauf wurde er als Saab 90 weitergebaut. Als Saab 99 war das Modell von 1967 bis 1984 insgesamt 588.643 mal vom Band gelaufen.

Der Saab 99 mit einer ganzen Reihe von Details, vorgestellt in einem Prospekt aus dem Jahr 1980, Modelljahrgang 1981.

1.

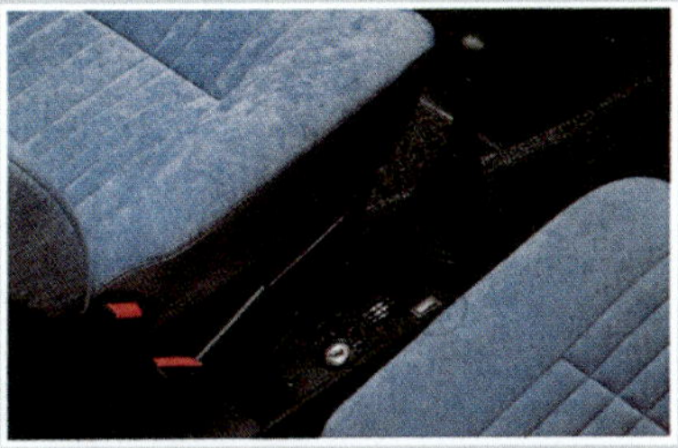

5.

2.

6.

3.

4.

1. Das neue Lenkrad ist mit einem Material verkleidet, das gut und sicher in der Hand liegt.
Die Instrumente sind vom Fahrersitz aus gut sichtbar und dank ihrer Größe leicht abzulesen. Hebel für Blinker, Lichthupe, Scheinwerferumschaltung, Wischer und Wascher sitzen bequem in Reichweite an der Lenkstange. Der Fahrer braucht das Lenkrad nicht loszulassen, um sie zu erreichen.

2. Zu den Instrumenten des Saab 99 gehört auch ein sogenanntes Econometer, das in jedem Augenblick den Benzinverbrauch anzeigt und es so ermöglicht, besonders sparsam zu fahren. Es wird vom Unterdruck im Ansaugrohr des Motors gesteuert.

3. Der bewährte Saab-Zweiliter-Motor verfügt über große Kraftreserven. Dank seines hohen Drehmoments über einen breiten Drehzahlbereich ist der Motor außerordentlich elastisch. Deswegen muß man seltener herunterschalten, und kann auch im höchsten Gang noch schneller und damit sicherer überholen. Trotz seiner guten Durchzugskraft ist der Motor ungewöhnlich sparsam im Verbrauch.

4. Frontantrieb, Zahnstangenlenkung, breite Spurweite und nahezu perfekte Gewichtsverteilung sind einige der Faktoren, die den Saab 99 zu einem der sichersten Autos machen, denen man auf unseren Straßen begegnet.

5. Auf der Bodenkonsole des Saab 99 befindet sich, außer dem leichtgängigen Schalthebel und der Handbremse, auch das Zündschloß mit der besonders praktischen Lichtautomatik — eine große Hilfe für vergeßliche Autofahrer, weil sie die Scheinwerfer mit der Zündung automatisch abschaltet. Hier sitzt auch der Schalter für die blendfreie Innenbeleuchtung.

6. Der neue Außenrückspiegel läßt sich leicht mit einem Griff an der Türinnenseite einstellen.

1.

5.

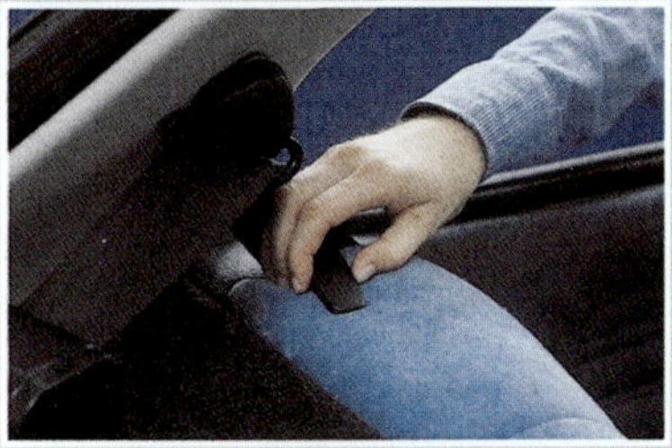

2.

6.

3.

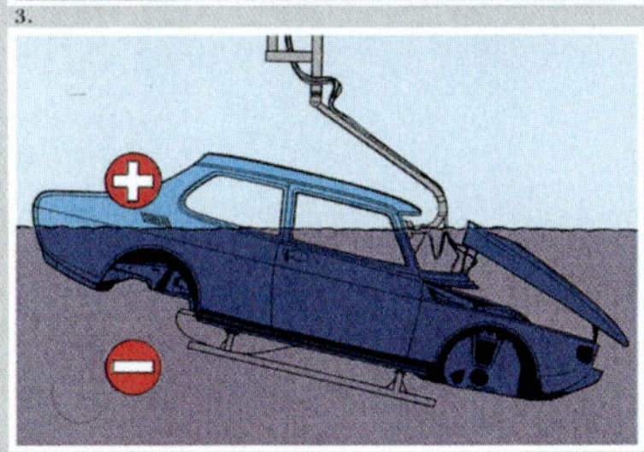

4.

1. Der Kofferraum hat ein Fassungsvermögen von 593 dm^3 und läßt sich auf ein Ladevolumen von ca. 1,45 m^3 erweitern, wenn man die Rückenlehne umklappt.

2. Um den Kofferraum in einen großen Laderaum umzuwandeln, braucht man lediglich den Hebel an der Oberkante des Rücksitzes zu lockern und die Rückenlehne nach vorn zu klappen.

3. Breite energieabsorbierende Stoßstangen, die selbst einen Aufprall mit 8 km/h noch schadlos überstehen, sorgen zuverlässig dafür, daß bei kleineren Kollisionen kein großer Schaden entsteht.

4. Hoch liegende Schweißfugen, Grundlackierung nach dem Verfahren der elektrophoretischen Tauchbadlackierung, Behandlung mit Rostschutzöl und Rostschutzmasse geben dem Wagen einen guten Grundschutz gegen Korrosion.

5. Bequemer Einstieg — auch für die Fondpassagiere — dank breiten Türen und niedrigen, eingelassenen Trittbrettern.

6. Motorhaube und Kotflügeloberteil sind aus einem Stück. Klappt man es nach vorn, ist der Motorraum für Kontrollen und Wartungsarbeiten leicht zugänglich.

10

Lack- und Polsterfarben für die Saab-Modelle im Modelljahr 1983.

RBPROGRAMM/GAMME DE COULEURS, SAAB 1983.

ab 99 GL, Saab 900 GL, Saab 900 GLs, Saab 900 GLi.

ckfarbe / Couleur de carrosserie	Plüschbezüge / Intérieur velour		
	Kaschmirbraun / Brun cachemire	Mohair / Beige mohair	Blaufuchs / Renard bleu
enbein / Ivoire		●	
schrot / Rouge vermillon		●	
miralblau / Bleu amiral			●
stanienbraun / Brun châtaigne	●		
ldgelb / Jaune d'or		●	
rusweiß / Blanc de cirrus			●
hwarz / Noir		●	
naranthrot-Metallic / Rouge lie de vin métallisé	●		
iengrün-Metallic / Vert pin métallisé		●	
ber-Metallic / Argent métallisé			●
hieferblau-Metallic / Bleu ardoise métallisé		●	
lnußbraun-Metallic / Brun noisette métallisé	●		
ligoblau-Metallic / Bleu indigo métallisé			●

Mögliche Farbkombinationen für das Modell Saab 99 im Modelljahr 1983.

Der Saab 900 1978–1994

Zum Modelljahr 1979 präsentierte Saab im Mai 1978 mit dem 900 ein neues Modell, das zwar noch auf dem 99 Kombi-Coupé basierte, aber deutlich größer war als dieses, das mit seiner eigenständig geformten Karosserie einen unverwechselbaren Charakter erhalten hatte und das alles, was einen Saab im positiven Sinne auszeichnete, in sich vereinte. Anders ausgedrückt: Der Saab 900 war bei seinem Erscheinen das bislang »saabischste« Modell aus Trollhättan. Wie schon beim Ur-Saab gehörten auch zum 900 als einem echten Saab typischerweise Vorderradantrieb und verhältnismäßig große Räder, die gegenüber dem Vorgängermodell 99 sogar nochmals ein wenig »gewachsen« waren, und ebenso selbstverständlich war auch beim jüngsten Spross der Saab-Familie wieder erhebliches Gewicht auf das Thema aktive wie passive Sicherheit gelegt worden. Der

Farbpalette für den Saab 900 im Modelljahr 1981.

Saab 900 rollte noch im Herbst des Jahres 1978 unter anderem mit selbstreparierenden Stoßfängern, heizbaren Vordersitzen und Scheinwerfer-Waschanlage in die Verkaufsräume, und er besaß als erstes Auto der Schweden einen Innenraum-Luftfilter, der Pollen, Staub und teilweise sogar Bakterien aus der angesaugten Frischluft fischte.

Zunächst gab es den Saab 900 nur als drei- und fünftüriges Kombi-Coupé mit Fließheck. Bei den Motoren hatte der Kunde die Wahl unter allen verfügbaren Derivaten des 1985-cm³-Reihenvierzylinders von Saab: Im Saab 900 GL arbeitete die

SAAB Pkw-Preise*

Modell	DM	
96 GL 50 kW (68 DIN-PS), V 4, 2türig	15550,–	5 Sitze, Schaltgetriebe, Registervergaser, Freilauf, Hubraum 1498 ccm
96 GL Special aquamarinblau metallic 50 kW (68 DIN-PS), V 4, 2türig	16450,–	5 Sitze, Schaltgetriebe, Registervergaser, Freilauf, Hubraum 1498 ccm
99 GL 74 kW (100 DIN-PS), 2türig	17450,–	5 Sitze, Schaltgetriebe, 4-Zylinder-Reihenmotor, obenliegende Nockenwelle, 1 Zenith-Stromberg-Vergaser, Hubraum 1985 ccm
99 GL 74 kW (100 DIN-PS), 4türig	17950,–	5 Sitze, Schaltgetriebe, 4-Zylinder-Reihenmotor, obenliegende Nockenwelle, 1 Zenith-Stromberg-Vergaser, Hubraum 1985 ccm
99 turbo 107 kW (145 DIN-PS), 2türig	25350,–	5 Sitze, Schaltgetriebe, 4-Zylinder-Reihenmotor, obenliegende Nockenwelle, Abgasturbolader, Einspritzung Bosch Typ CI, Hubraum 1985 ccm
900 GL 74 kW (100 DIN-PS), 3türig	21950,–	5 Sitze, Schaltgetriebe, 4-Zylinder-Reihenmotor, obenliegende Nockenwelle, 1 Zenith-Stromberg-Vergaser, Hubraum 1985 ccm
900 GLs 79 kW (108 DIN-PS), 3türig	22950,–	5 Sitze, Schaltgetriebe, 4-Zylinder-Reihenmotor, obenliegende Nockenwelle, 2 Zenith-Stromberg-Vergaser, Hubraum 1985 ccm
900 GLs 79 kW (108 DIN-PS), 5türig	23795,–	5 Sitze, Schaltgetriebe, 4-Zylinder-Reihenmotor, obenliegende Nockenwelle, 2 Zenith-Stromberg-Vergaser, Hubraum 1985 ccm
900 EMS 87 kW (118 DIN-PS), 3türig	25245,–	5 Sitze, Schaltgetriebe, 4-Zylinder-Reihenmotor, obenliegende Nockenwelle, Einspritzung Bosch Typ CI, Hubraum 1985 ccm
900 GLE 87 kW (118 DIN-PS), 5türig	26295,–	5 Sitze, 4-Zylinder-Reihenmotor, obenliegende Nockenwelle, Einspritzung Bosch Typ CI, Hubraum 1985 ccm
900 turbo 107 kW (145 DIN-PS), 3türig	29630,–	5 Sitze, Schaltgetriebe, 4-Zylinder-Reihenmotor, obenliegende Nockenwelle, Abgasturbolader, Einspritzung Bosch Typ CI, Hubraum 1985 ccm
900 turbo 107 kW (145 DIN-PS), 5türig	30460,–	5 Sitze, Schaltgetriebe, 4-Zylinder-Reihenmotor, obenliegende Nockenwelle, Abgasturbolader, Einspritzung Bosch Typ CI, Hubraum 1985 ccm

***Unverbindliche Preisempfehlung der Saab Deutschland GmbH in DM incl. MwSt. ab Importeurlager**
Preis- und Konstruktionsänderungen behalten wir uns vor.
Die unverbindlichen Preisempfehlungen für Zubehör gelten bei werksseitiger Montage.
Gültig ab 13. September 1979

Überreicht durch Ihren Händler:

Deutsch-
ger
vor.
elten bei

Ausstattungsliste

Die unverbindlichen Preisempfehlungen für Zubehör gelten bei werksseitiger Montage

● = serienmäßig
– = nicht lieferbar
× = Preis auf Anfrage

DM	Komfort und Sicherheit																Sport-/Sonderausstattung							Radio (einschl. Handantenne, Entstörung, Einbausatz, 2 Lautsprecher vorn)			
	5-Gang-Getriebe	Automatikgetriebe	Servolenkung	Schiebedach	Klimaanlage	stoßaufnehmende Stoßstange	Scheinwerferwisch- und Waschanlage	elektrisch heizbare Heckscheibe	Metalleffektlackierung	getönte Scheiben, rundum	Verbundglaswindschutzscheibe	heizbarer Fahrersitz	heizbarer Beifahrersitz	zwei Automatik-Gurte hinten, Beckengurt Mitte	2 Nackenstützen hinten	Luftfilter für Fahrgastraum	Frontspoiler	4½ J × 15" Leichtmetallfelgen	5 J × 15" Leichtmetallfelgen, Design EMS	5½ J × 15" H2 Leichtmetallfelgen	135 TR × 390 FH Leichtmetallfelgen	Drehzahlmesser mit Zeituhr	Gasdruckstoßdämpfer	Becker Avus, Mono L/M/K/U	Becker Europa Stereo L/M/K/U/U	Becker Monza Cassette, Vollstereo (Rundfunk und Cassette Stereo) K/M/U Verkehrsfunkdecoder	Becker Mexico Cassette Reverse (Rundfunk und Cassette Stereo) M/U Sendersuchlauf
15550,–	–	–	–	–	–	●	●	●	456,–	–	●	●	×	●	×	–	×	–	–	–	–	×	×	525,–	835,–	985,–	1610,–
16450,–	–	–	–	–	–	●	●	●	●	–	●	●	×	●	×	–	●	●	–	–	–	×	×	525,–	835,–	985,–	1610,–
17450,–	–	–	–	–	–	●	●	●	456,–	×	●	●	×	●	102,–	–	×	–	×	×	×	245,–	×	525,–	835,–	985,–	1610,–
17950,–	–	–	–	–	–	●	●	●	456,–	×	●	●	×	●	102,–	–	×	–	×	×	×	245,–	×	525,–	835,–	985,–	1610
25350,–	870,–	–	–	–	–	●	●	●	456,–	●	●	●	×	●	129,–	–	●	–	×	●	×	●	●	525,–	835,–	985,–	1610,–
21950,–	–	–	980,–	–	2010,–	●	●	●	456,–	×	●	●	×	●	170,–	●	●	–	×	×	×	245,–	×	525,–	835,–	985,–	1610,–
22950,–	–	1560,–	980,–	990,–	2010,–	●	●	●	456,–	×	●	●	×	●	170,–	●	●	–	×	×	×	245,–	×	525,–	835,–	985,–	1610,–
23795,–	–	1560,–	980,–	990,–	2010,–	●	●	●	456,–	×	●	●	×	●	170,–	●	●	–	×	×	×	245,–	×	525,–	835,–	985,–	1610,–
25245,–	870,–	–	980,–	990,–	2010,–	●	●	●	456,–	●	●	●	×	●	197,–	●	●	–	●	×	×	●	●	525,–	835,–	985,–	1610,–
26295,–	–	1560,–	980,–	990,–	2010,–	●	●	●	456,–	●	●	●	●	●	●	●	●	–	×	×	×	245,–	●	525,–	835,–	985,–	1610,–
29630,–	870,–	–	●	990,–	2010,–	●	●	●	456,–	●	●	●	×	●	197,–	●	●	–	×	●	×	●	●	525,–	835,–	985,–	1610,–
30460,–	870,–	–	●	990,–	2010,–	●	●	●	456,–	●	●	●	●	●	●	●	●	–	×	×	●	●	●	525,–	835,–	985,–	1610,–

Preise und Ausstattung Saab-Modellpalette Jahrgang 1979.

Motorvariante mit Einzelvergaser, die es auf 100 PS brachte, im GLs leistete die gleiche Maschine mit Doppelvergaser 108 PS, der 118 PS starke Einspritzmotor war den Modellen EMS und GLE vorbehalten, und das Top-Modell Turbo verfügte über den 145 PS starken Turbomotor. In allen Modellen wurde die Kraft von einem Viergang-getriebe auf die Räder übertragen.

Die vier Zylinder des 2-Liter-Motors hatten einen Bohrungsdurchmesser von 90 mm, der Kolbenhub betrug 78 mm. Es gab zwei Ventile pro Zylinder, die von einer obenliegenden Nockenwelle betätigt wurden. Die Nockenwelle wurde ihrerseits von

Bei Saab kein leerer Spruch: »Form follows function«. Prospekt von 1980.

einer Steuerkette angetrieben.

Die Räder waren vorn einzeln an Trapez-Dreieckslängern aufgehängt, die starre Hinterachse wurde von zwei Paar Längslenkern und einem quergerichteten Panhard-Stab geführt. Schraubenfedern und hydraulische Teleskopstoßdämpfer besaßen alle vier Räder. Die Reifen der Größe 165 x SR 15 waren auf Fünf-Zoll-Felgen montiert. Scheibenbremsen an allen vier Rädern waren eine Selbstverständlichkeit, die hydraulische Zweikreis-Bremsanlage mit Bremskraftverstärker war diagonal geteilt.

Der Radstand des Saab 900 war mit 2525 mm gut fünf Zentimeter größer als der des Saab 99, in der Länge hatte der neue mit 4739 mm um fast 40 (!) Zentimeter zugelegt. In der Breite maß er 1690 mm (+1,5 cm), in der Höhe 1420 mm (- 0,9 cm). Der Wendekreis betrug 11,25 Meter.

Mit dem 900 wollte Saab neue Märkte erobern. Als dritte Modellreihe neben 95/96 und 99 eingeführt, war er eindeutig oberhalb des 99 positioniert, noch größer, noch sicherer und noch besser ausgestattet als dieser. Teilweise war diese Entwicklung zwar auch auf die simple Tatsache zurückzuführen, dass in den USA die Vorschriften in puncto passive Sicherheit immer schärfer

Variabel in der Nutzung und immer familienfreundlich: Saab 900 GL des Modelljahrs 1981.

gefasst wurden, doch hatte Saab mit dem Modell 900 auch ganz klar eine Entscheidung getroffen: Man wollte sich weiter in Richtung automobile Oberklasse orientieren. (Wie konsequent diese Entscheidung auch in den Folgejahren weiter umgesetzt wurde, zeigte die Einführung des Saab 9000 im Jahr 1985.)

Im Innenraum des Saab 900 fiel sofort das neue, gerundete Armaturenbrett auf, das ergonomisch gestaltet und scheinbar regelrecht um den Fahrer herum gebaut worden war. Darin waren alle Bedienelemente in logischen Gruppen zusammengefasst und selbstverständlich für den Fahrer

WIR HABEN DAS AUTO NICHT ERFUNDEN, ABER WIR HABEN ES IMMER WIEDER ENTSCHEIDEND VERBESSERT.

Einige der wichtigsten Sicherheitsdetails, die mittlerweile längst zur gesetzlich vorgeschriebenen Ausstattung eines Autos gehören, und eine Vielzahl praktischer Neuerungen im Automobilbau wurden von Saab entwickelt oder weiterentwickelt. Dabei ging es uns nicht nur um grundlegende Konstruktionsprinzipien, sondern auch um Detaillösungen, die auf die eine oder andere Art das Fahren sicherer und bequemer gemacht oder den Gebrauchswert des Autos verbessert haben.

1970 waren wir die ersten, die unsere Autos mit einer automatischen Scheinwerfer-Wisch-Waschanlage ausgerüstet haben. Lange vor allen anderen gehörten elastische Stoßstangen bei uns zur Serienausstattung. Auch der elektrisch beheizte Fahrersitz ist eine technische Entwicklung, die wir zuerst eingeführt haben.

Beim Saab 900 wächst der Gepäckraum mit der Ladung. Der Saab 900 ist ein sportlich, komfortables Auto mit großem Gebrauchswert. Mit wenigen Handgriffen läßt er sich aus einer bequemen Reiselimousine mit Platz für fünf Erwachsene in einen praktischen, geräumigen und leicht zu beladenden Halbkombi verwandeln.

Stoßstangen, die auch wirklich einen Stoß vertragen. Die breiten, elastischen Stoßstangen des Saab 900 sind so konstruiert, daß sie selbst einen Aufprall mit 8 km/h noch schadlos überstehen. Bei einer eventuellen Kollision geben die Kunststoffzellblöcke, aus denen sie zusammengesetzt sind, dem Aufprall nach und nehmen anschließend ihre ursprüngliche Form wieder an und sorgen so dafür, daß aus einem kleinen Malheur kein großer Schaden entsteht.

Technische Details, die Sie bei vielen anderen Autos vergeblich suchen. Kleinigkeiten können unter der Bodenplatte im Kofferraum verstaut werden. Weitere Ablagemöglichkeiten gibt es im Handschuhfach, in den Türtaschen und unter der hinteren Sitzfläche.

Die Innenseite des Handschuhfachdeckels hat Aussparungen für Gläser, Flaschen u. ä.

Kofferraum und Handschuhfach sind beleuchtet.

Die Scheinwerfer lassen sich leicht durch von außen zugängliche Drehgriffe verstellen, ohne daß die Motorhaube ganz hochgeklappt werden muß.

Die Leselampe vor dem Innenrückspiegel macht es dem Beifahrer einfach, auch bei Dunkelheit eine Straßenkarte zu lesen, ohne den Fahrer zu blenden.

Die Türschwelle ist zur Fahrzeugmitte hin etwas eingezogen und durch die Tür geschützt. Dadurch wurde das Einsteigen bequemer und die Gefahr, sich dabei die Kleider zu beschmutzen, geringer.

Die Bordwerkzeuge sind in einem Kasten untergebracht, der unter der Bodenklappe im Kofferraum liegt.

Das Reserverad ist klein, leicht und einfach zu handhaben.

28

1. Der Kofferraum im Saab 900 Combi Coupé ist durch eine andere Unterbringung des Reserverades noch geräumiger geworden.

2. Das beleuchtete Handschuhfach im Saab 900 hat ein stabiles Schloß und ist sicher verschließbar.

3. Im praktischen Werkzeugkasten unter der Bodenklappe sind die Bordwerkzeuge übersichtlich und schnell greifbar untergebracht. Unter der Bodenklappe befindet sich auch das kleine, leichte Reserverad.

4. Der Saab 900 ist für den „unsichtbaren" Einbau von Hecklautsprechern vorbereitet. In der Limousine – hier auf dem Bild – können die Lautsprecher unter der Hutablage montiert werden.

Der ideale Befestigungspunkt für die Hecklautsprecher beim Combi Coupé-Modell ist die Konsole für die Hutablage. Diese Plazierung hat akustische Vorteile und erlaubt es Ihnen dadurch, den Kofferraum jederzeit in einen großen Laderaum zu verwandeln.

5. Die Hutablage des Combi Coupé kann zur Vergrößerung des Kofferraumes leicht aus ihrer Verankerung gelöst und auf den Boden gelegt werden.

6. Der Kofferraum der Limousine faßt 617 Liter. Durch die heruntergezogene Rückwand kann man den Kofferraum bequem beladen. Wie bei den Combi Coupé-Modellen läßt sich der Kofferraum durch Umklappen der Rücksitzlehne spielend vergrößern.

29

Bescheidenheit ist selbstverständlich eine Zier, aber sein Licht unter den Scheffel stellen musste man bei Saab gewiss auch nicht.

Preisliste für die gesamte Saab-Modellpalette, Preise gültig ab 23. März 1981.

Typ		Technische Daten	unverbindliche Preisempfehlung*	Variationsmöglichkeiten (auf Wunsch) bzw. serienmäßige Sonderausrüstung (im Preis enthalten)	Drehzahlmesser	Klimaanlage	Metalliclackierung
99 GL	Limousine 2türig	74 kW (100 DIN-PS), 4-Gang-Handschaltgetriebe, 4-Zylinder-Reihenmotor, obenliegende Nockenwelle, 1 Vergaser, Stahlfelgen 5J × 15" FHA	18250,–		295,–	nicht lieferbar	625,–
900 GL	Combi Coupé 3türig	74 kW (100 DIN-PS), 4-Gang-Handschaltgetriebe, 4-Zylinder-Reihenmotor, obenliegende Nockenwelle, 1 Vergaser Stahlfelgen 5J × 15" FHA	20500,–	**auf Wunsch:** Servolenkung DM 990,–	295,–	2680,–	625,–
900 GLs	Sedan 4türig	79 kW (108 DIN-PS), 4-Gang-Handschaltgetriebe, 4-Zylinder-Reihenmotor, obenliegende Nockenwelle, 2 Vergaser Stahlfelgen 5J × 15" FHA	21500,–	**auf Wunsch:** Automatikgetriebe DM 1660,– Servolenkung DM 990,– Schiebedach DM 990,–	295,–	2680,–	625,–
900 GLs	Combi Coupé 5türig	79 kW (108 DIN-PS), 4-Gang-Handschaltgetriebe 4-Zylinder-Reihenmotor, obenliegende Nockenwelle, 2 Vergaser Stahlfelgen 5J × 15" FHA	21950,–	**auf Wunsch:** Automatikgetriebe DM 1660,– Servolenkung DM 990,– Schiebedach DM 990,–	295,–	2680,–	625,–
900 GLi	Sedan 4türig	85 kW (115 DIN-PS), 4-Gang-Handschaltgetriebe, 4-Zylinder-Reihenmotor, obenliegende Nockenwelle, mechanische Einspritzanlage, Gasdruckstoßdämpfer, Stahlfelgen 5J × 15" FHA	23400,–	**auf Wunsch:** Servolenkung DM 990,–	serienmäßig	2680,–	625,–
900 GLi	Combi Coupé 3türig	85 kW (115 DIN-PS), 5-Gang-Handschaltgetriebe, 4 Zylinder-Reihenmotor, obenliegende Nockenwelle, mechanische Einspritzanlage, Gasdruckstoßdämpfer, Stahlfelgen 5J × 15" FHA	23600,–	**auf Wunsch:** Servolenkung DM 990,– **Komfortpaket** bestehend aus Servolenkung und 3-Gang-Automatikgetriebe Aufpreis DM 1800,–	serienmäßig	2680,–	625,–
900 GLE	Sedan 4türig	85 kW (115 DIN-PS), 5-Gang-Handschaltgetriebe, 4-Zyl.- Reihenmotor, obenl. Nockenwelle, mech. Einspritzanlage, Schiebedach, Servolenkung, Gasdruckstoßdämpfer, Felgen 5J × 15" FHA	26700,–	beheizter Beifahrersitz, Nackenkissen hinten, herausklappbare Mittelarmlehne hinten, getönte Scheiben	serienmäßig	2680,–	625,–
900 GLE	Sedan 4türig	85 kW (115 DIN-PS), 3-Gang-Automatik, 4-Zyl.-Reihenmotor, obenliegende Nockenwelle, mechanische Einspritzanlage, Schiebedach, Servolenkung, Gasdruckstoßdämpfer, Felgen 5J × 15" FHA	27500,–	beheizter Beifahrersitz, Nackenkissen hinten, herausklappbare Mittelarmlehne hinten, getönte Scheiben	serienmäßig	2680,–	625,–
900 turbo	Combi Coupé 3türig	107 kW (145 DIN-PS), 5-Gang-Handschaltgetriebe, 4-Zylinder-Reihenmotor, mechanische Einspritzanlage mit Turboaufladung, Schiebedach, Servolenkung, Gasdruckstoßdämpfer, Felgen 135 TR × 390 FH	30800,–	beheizter Beifahrersitz, Nackenkissen hinten, Front- und Heckspoiler, hera[illegible]ppbare Mittelarmlehne hinten, getönte Scheiben	serienmäßig	2680,–	625,–
900 turbo	Sedan 4türig	107 kW (145 DIN-PS), 4-Gang-Handschaltgetriebe, 4-Zylinder-Reihenmotor, mechanische Einspritzanlage mit Turboaufladung, Servolenkung, Gasdruckstoßdämpfer, Felgen 135 TR × 390 FH	29750,–	beheizter Beifahrersitz, Nackenkissen hinten, Front- und Heckspoiler, herausklappbare Mittelarmlehne hinten, getönte Scheiben	serienmäßig	2680,–	625,–
900 turbo	Sedan 4türig	107 kW (145 DIN-PS), 5-Gang-Handschaltgetriebe, 4-Zylinder-Reihenmotor, mechanische Einspritzanlage mit Turboaufladung, Schiebedach, Servolenkung, Gasdruckstoßdämpfer, Felgen 135 TR × 390 FH	31800,–	beheizter Beifahrersitz, Nackenkissen hinten, Front- und Heckspoiler, herausklappbare Mittelarmlehne hinten, elektrischer Fensterheber vorn, elektrisch verstellbarer Außenspiegel, getönte Scheiben	serienmäßig	2680,–	625,–
900 turbo	Sedan 4türig	107 kW (145 DIN-PS), 3-Gang-Automatik, 4-Zylinder-Reihenmotor, mechanische Einspritzanlage mit Turboaufladung, Schiebedach, Servolenkung, Gasdruckstoßdämpfer, Felgen 135 TR × 390 FH	32750,–	beheizter Beifahrersitz, Nackenkissen hinten, Front- und Heckspoiler, herausklappbare Mittelarmlehne hinten, elektrischer Fensterheber vorn, elektrisch verstellbarer Außenspiegel, getönte Scheiben	serienmäßig	2680,–	625,–
900 turbo	Combi Coupé 5türig	107 kW (145 DIN-PS), 5-Gang-Handschaltgetriebe, 4-Zylinder-Reihenmotor, mechanische Einspritzanlage mit Turboaufladung, Schiebedach, Servolenkung, Gasdruckstoßdämpfer, Felgen 135 TR × 390 FH	32600,–	beheizter Beifahrersitz, Nackenkissen hinten, Front- und Heckspoiler, herausklappbare Mittelarmlehne hinten, elektrischer Fensterheber vorn, elektrisch verstellbarer Außenspiegel, getönte Scheiben	serienmäßig	2680,–	625,–

Serienmäßige Ausstattung für alle Typen

energieabsorbierende, selbstreparierende Stoßstangen
seitlicher Aufprallschutz
Sicherheits-Lenksäule
4 Automatik-Gurte (hinten Mitte statischer Beckengurt)
elektrisch beheizte Heckscheibe
Scheinwerfer-Wisch- und Waschanlage
H4-Scheinwerfer
Nebelschlußleuchten
elektrisch beheizter Fahrersitz
von innen verstellbare Außenspiegel
Fahrersitz in Höhe und Neigung verstellbar
Kofferraumbeleuchtung
Tageskilometerzähler
semimetallische Außenbremsbeläge vorn
Scheibenbremsen vorn und hinten
Zigarettenanzünder
Quarzuhr
Verbundglas-Windschutzscheibe
Scheibenwischer mit Intervall-Schaltung
Fahrgastraum-Luftfilter (nur für 900er Modelle)

Bereifung:
Stahlgürtelreifen 165/SR 15
Turbomodelle: Michelin TRX 180/65 HR 390

Weiteres Zubehör finden Sie in unserer Zubehörbroschüre

***Unverbindliche Preisempfehlung der Saab Deutschland GmbH in DM incl. MwSt. ab Importeurlager**
Preis- und Konstruktionsänderungen behalten wir uns vor. Die unverbindlichen Preisempfehlungen für Zubehör gelten bei werksseitiger Montage.

Gültig ab 23. März 1981

Zum Vergleich: Ab 4. Januar 1982 gültige Preise.

Typ		Technische Daten	unverbindliche Preisempfehlung*	5-Gang-Getriebe	Autom. Getriebe	Servo-Lenkung	el. Fensterheber vorn	el. verstellb. Außenspiegel	Klimaanlage	Metallic-Lackierung	Drehzahlmesser	Zentral-Verriegelung	Schiebedach	Gasdruck-Stoßdämpfer	beheizter Beifahrersitz
99 GL	Limousine 2türig	74 kW (100 DIN-PS), 4-Gang-Handschaltgetriebe, 4-Zylinder-Reihenmotor, obenliegende Nockenwelle, 1 Vergaser, Stahlfelgen 5J × 15" FHA	19250,–	■	■	■	■	■	■	675,–	295,–	■	●	●	●
99 GL	Limousine 4türig	74 kW (100 DIN-PS), 4-Gang-Handschaltgetriebe, 4-Zylinder-Reihenmotor, obenliegende Nockenwelle, 1 Vergaser, Stahlfelgen 5J × 15" FHA	19950,–	■	■	■	■	■	■	675,–	295,–	■	●	●	●
900 GL	Combi Coupé 3türig	74 kW (100 DIN-PS), 4-Gang-Handschaltgetriebe, 4-Zylinder-Reihenmotor, obenliegende Nockenwelle, 1 Vergaser, Stahlfelgen 5J × 15" FHA	21900,–	■	■	990,–	●	●	2680,–	675,–	295,–	■	●	●	●
900 GLs	Combi Coupé 3türig	79 kW (108 DIN-PS), 3-Gang-Automatik, 4-Zylinder-Reihenmotor, obenliegende Nockenwelle, 2 Vergaser, Stahlfelgen 5J × 15" FHA	25200,–	■	▲	▲	●	●	2680,–	675,–	295,–	■	●	●	●
900 GLs	Sedan 4türig	79 kW (108 DIN-PS), 4-Gang-Handschaltgetriebe, 4-Zylinder-Reihenmotor, obenliegende Nockenwelle, 2 Vergaser, Stahlfelgen 5J × 15" FHA	23050,–	■	1770,–	990,–	●	●	2680,–	675,–	295,–	■	1050,–	●	●
900 GLs	Combi Coupé 5türig	79 kW (108 DIN-PS), 4-Gang-Handschaltgetriebe, 4-Zylinder-Reihenmotor, obenliegende Nockenwelle, 2 Vergaser, Stahlfelgen 5J × 15" FHA	23500,–	■	1770,–	990,–	●	●	2680,–	675,–	295,–	■	1050,–	●	●
900 GLi	Combi Coupé 3türig	85 kW (115 DIN-PS), 5-Gang-Handschaltgetriebe, 4-Zylinder-Reihenmotor, obenliegende Nockenwelle, mechanische Einspritzanlage, Stahlfelgen 5J × 15" FHA	25250,–	▲	■	990,–	●	●	2680,–	675,–	▲	■	●	▲	●
900 GLi	Sedan 4türig	85 kW (115 DIN-PS), 5-Gang-Handschaltgetriebe, 4-Zylinder-Reihenmotor, obenliegende Nockenwelle, mechanische Einspritzanlage, Stahlfelgen 5J × 15" FHA	25500,–	▲	■	990,–	●	●	2680,–	675,–	▲	■	1050,–	▲	●
900 GLE	Sedan 4türig	85 kW (115 DIN-PS), 5-Gang-Handschaltgetriebe, 4-Zylinder-Reihenmotor, obenliegende Nockenwelle, mechanische Einspritzanlage, Stahlfelgen $5^1/_2$ J × 15" FHA	28750,–	▲	1040,–	▲	●	●	2680,–	675,–	▲	▲	▲	▲	▲
900 turbo	Combi Coupé 3türig	107 kW (145 DIN-PS), 5-Gang-Handschaltgetriebe, 4-Zylinder-Reihenmotor, mechanische Einspritzanlage mit Turboaufladung, Felgen 135 TR × 390 FH	32900,–	▲	■	▲	●	▲	2680,–	675,–	▲	■	▲	▲	▲
900 turbo	Sedan 4türig	107 kW (145 DIN-PS), 5-Gang-Handschaltgetriebe, 4-Zylinder-Reihenmotor, mechanische Einspritzanlage mit Turboaufladung, Felgen 135 TR × 390 FH	31900,–	▲	■	▲	●	●	2680,–	675,–	▲	■	●	▲	▲
900 turbo	Sedan 4türig	107 kW (145 DIN-PS), 5-Gang-Handschaltgetriebe, 4-Zylinder-Reihenmotor, mechanische Einspritzanlage mit Turboaufladung, Felgen 135 TR × 390 FH	33200,–	▲	nur in Verbindung mit Schiebedach 1040,–	▲	▲	▲	2680,–	675,–	▲	▲	1050,–	▲	▲
900 turbo	Combi Coupé 5türig	107 kW (145 DIN-PS), 5-Gang-Handschaltgetriebe, 4-Zylinder-Reihenmotor, mechanische Einspritzanlage mit Turboaufladung, Felgen 135 TR × 390 FH	35150,–	▲	1040,–	▲	▲	▲	2680,–	675,–	▲	▲	▲	▲	▲

▲ = serienmäßig ■ = nicht lieferbar ● = nicht werksseitig lieferbar

Serienmäßige Ausstattung für alle Typen:

energieabsorbierende, selbstreparierende Stoßstangen
seitlicher Aufprallschutz
Sicherheits-Lenksäule
4 Automatik-Gurte (hinten Mitte statischer Beckengurt)
elektrisch beheizte Heckscheibe
Scheinwerfer-Wisch- und Waschanlage
H4-Scheinwerfer
Nebelschlußleuchten
elektrisch beheizter Fahrersitz
von innen verstellbare Außenspiegel
Fahrersitz in Höhe und Neigung verstellbar
Kofferraumbeleuchtung
Tageskilometerzähler
semimetall. Außenbremsbeläge vorn
Scheibenbremsen vorn und hinten
Zigarettenanzünder
Quarzuhr
Verbundglas-Windschutzscheibe
Fahrgastraum-Luftfilter
(nur für 900er Modelle)

Bereifung:
99 GL, 900 GL/GLs/GLi:
Stahlgürtelreifen 165/SR 15
900 GLE:
Pirelli P 8, 185/65 SR 15
Turbomodelle:
Michelin TRX 180/65 HR 390

Weiteres Zubehör finden Sie in unserer Zubehörbroschüre

***Unverbindliche Preisempfehlung der Saab Deutschland GmbH in DM incl. Mehrwertsteuer ab Importeurlager**
Preis- und Konstruktionsänderungen behalten wir uns vor. Die unverbindlichen Preisempfehlungen für Zubehör gelten bei werksseitiger Montage.

Gültig ab 4. Januar 1982

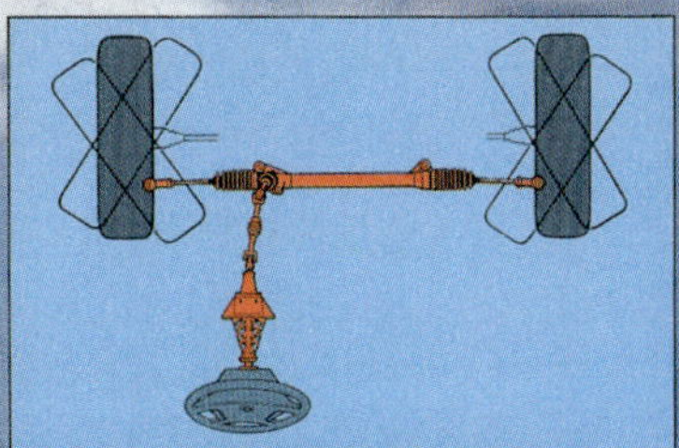

Die Zahnstangenlenkung reagiert schnell und präzise auf jede Lenkradbewegung. Einige Modelle haben serienmäßig eine Servolenkung.

Die Vorderräder sind an doppelten, V-förmigen Querlenkern aufgehängt. Die Federn sind in Drehbolzen gelagert und arbeiten daher stets gradlinig und mit maximalem Wirkungsgrad, ohne Verformungstendenzen. Im Zusammenspiel mit dem großen Federweg garantiert diese Konstruktion eine sichere Straßenlage und ein hohes Querbeschleunigungsvermögen, auch auf schlechten Straßen.

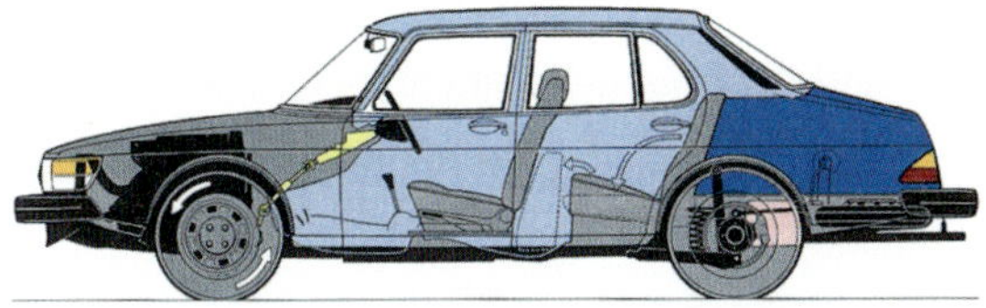

DIE SPORTLICH SICHEREN FAHREIGENSCHAFTEN DES SAAB 900 SIND NICHT ZULETZT DAS RESULTAT UNSERER RALLYE-ERFOLGE.

Sportlich sichere Autos zu bauen, die auch unter schwierigen Bedingungen zuverlässig reagieren und jederzeit leicht zu beherrschen sind, war von Anfang an das Ziel der Saab-Konstrukteure. An diesem Konzept haben wir bis heute festgehalten.

So sind auch die technischen Prinzipien, nach denen der Saab 900 konstruiert wurde, noch weitgehend die gleichen wie beim allerersten Saab. Diese zum Teil revolutionären und höchst unkonventionellen Konstruktionsprinzipien, die aus der Erfahrung abgeleitet waren, die unsere Ingenieure im Flugzeugbau sammeln konnten, haben sich mittlerweile längst bewährt und wurden von uns immer weiter vervollkommnet.

Das Konzept. Die Wahl des Frontantriebes zeigt, daß die Saab-Techniker schon damals auf das richtige Konzept setzten. Denn mittlerweile hat sich dieses Antriebssystem längst als überlegen erwiesen und sich auch bei der Konstruktion neuer Autos weitgehend durchgesetzt.

Damals jedoch ließ sich die Überlegenheit dieses Systems nicht besser beweisen als im harten sportlichen Wettbewerb. Durch die erfolgreiche Teilnahme an einer der berüchtigten Winter-Rallyes. Damals holte sich Saab seinen ersten Sieg und dieser Erfolg war nur der Beginn einer langen Siegesserie im Automobilsport.

Die entscheidenden Konstruktionsprinzipien. Motor vorn, Frontantrieb, leichte und ungeteilte Hinterachse, Karosserie mit niedrigem Luftwiderstand – das waren schon von Anfang an die charakteristischen Konstruktionsmerkmale eines Saab. Und das sind auch die Konstruktionsmerkmale des Saab 900, die ihn zu einem der sichersten, sportlichsten und zugleich komfortabelsten Autos machen, die es heute gibt.

60 % des Fahrzeuggewichtes liegt über den Antriebsrädern und sorgt für optimale Bodenhaftung – auch auf schlechten Straßen. Im Zusammenspiel mit der Linienführung der Karosserie bringt diese Gewichtsverteilung zugleich ein Höchstmaß an Richtungsstabilität und macht den Saab 900 weitgehend unempfindlich gegen Seitenwind.

Die Drehbolzenlagerung der Vorderräder und der verhältnismäßig große Federweg tragen dazu bei, daß die Räder auch noch auf holperigen Straßen sicher greifen und fest auf der Fahrbahn haften. Eine schwach untersteuernd ausgelegte Zahnstangenlenkung erlaubt schnelle und präzise Kurskorrekturen und gibt dem Fahrer die Sicherheit, den Saab 900 jederzeit fest im Griff zu haben.

Die Hinterachse ist gerade und ungeteilt. Die Räder rollen stets im rechten Winkel zur Fahrbahn, mit der ganzen „Reifensohle" auf der Straße. So folgt der Saab 900 nicht nur zuverlässig seinem Kurs, sondern bietet auch gleichzeitig – dank des geringen Gewichts dieser Achskonstruktion – ein hohes Maß an Fahrkomfort.

Neutrales Fahrverhalten mit sportlichen Qualitäten. Der Saab 900 antwortet ohne Verzögerung auf jedes Kommando des Fahrers. Er läßt keine Zweifel darüber aufkommen, wie er sich bei starkem Lenkradeinschlag und hohen Seitenkräften verhalten wird. Dieses eindeutige und vorhersehbare Verhalten schafft Vertrauen und gibt die Sicherheit, um selbst problematische Situationen sicher zu meistern.

Der Saab 900 behält sein neutrales Fahrverhalten, unabhängig davon, ob man allein fährt, Passagiere mitnimmt oder mit einem vollbeladenen Kofferraum unterwegs ist. Der Saab 900 bietet so gesehen die besten Voraussetzungen, Unfälle nicht nur zu überstehen, sondern auch zu vermeiden.

13

Auch 1981 erinnert Saab gern an die erzielten Rallye-Erfolge, aus denen der Bau sportlich-sicherer Autos resultieren sollte.

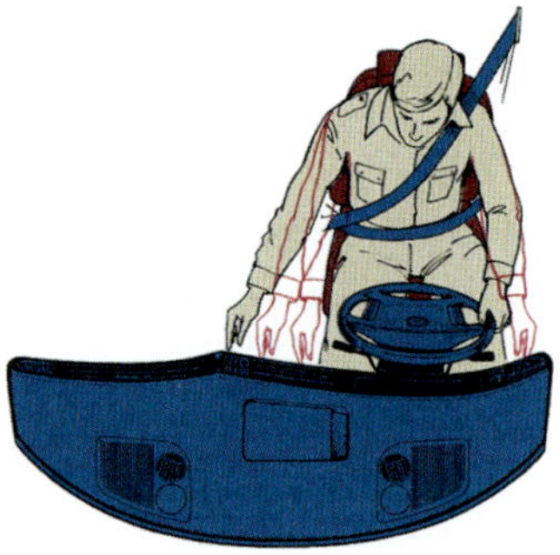

HINTER DEM STEUER DES SAAB 900 FINDEN SIE DIE BESTEN VORAUSSETZUNGEN, UM BEQUEM ZU FAHREN UND SICHER ZU REAGIEREN.

Sicherheit und Komfort eines Autos hängen nicht nur von der Konstruktion seines Fahrwerks, der Stabilität seiner Karosserie und der Leistungskraft seines Motors, sondern auch ganz entscheidend von der Gestaltung des Fahrerplatzes ab. Denn um auch in schwierigen Situationen noch schnell und sicher reagieren zu können, müssen die Instrumente und Bedienungselemente richtig angeordnet sein, damit der Fahrer jederzeit die volle Kontrolle über das Verkehrsgeschehen und sein Auto hat.

Umfangreiche wissenschaftliche Untersuchungen. Daher gingen der Konstruktion des Fahrerplatzes für den Saab 900 zahlreiche wissenschaftliche Untersuchungen voraus. Sie lieferten umfangreiches statistisches Material über die verschiedenen Bein-, Arm- und Rumpflängen einzelner Fahrer.

Notwendige Daten, die bestmögliche Lösung zu finden, um den unterschiedlichen psychischen und physischen Voraussetzungen jedes einzelnen von ihnen gerecht zu werden.

Der Fahrer im Mittelpunkt. Damit der Fahrer schnell und sicher alle Bedienungselemente erreichen kann, ohne seine Sitzposition ändern zu müssen oder vom Verkehrsgeschehen abgelenkt zu werden, ist das Armaturenbrett des Saab 900 leicht gewölbt.

Instrumente und Schalter sind so angeordnet, daß sie im unmittelbaren Sicht- und Griffbereich liegen. Zündschloß, Schalthebel und Handbremse wurden zwischen den Vordersitzen plaziert und sind dort ebenso sicher wie griffbereit untergebracht.

Ausgehend von der sogenannten Augenellipse wurden alle Instrumente gegenüber dem Lenkradkranz, der Lenkradnabe sowie der Ober- und Unterkante der Windschutzscheibe einander so zugeordnet, daß sie stets im zentralen Sichtfeld des Fahrers liegen.

Der Fahrersitz. Um auch lange Strecken bequem und ohne unnötige Ermüdungserscheinungen zurücklegen zu können, wurde der Fahrersitz des Saab 900 nach den neuesten orthopädischen Erkenntnissen konstruiert. Er zählt zu den besten und bequemsten Autositzen der Welt und läßt sich nicht nur in jede gewünschte Sitzposition verstellen, sondern ist zudem auch elektrisch beheizt. Unter den zahlreichen Ausstattungsdetails, die das Fahren mit dem Saab 900 so angenehm und komfortabel machen, gehört der Sitz zu den wichtigsten.

16

1.

5.

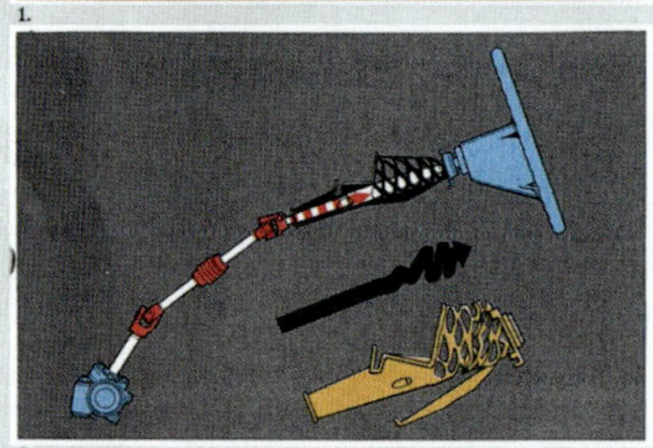

2.

6.

3.

4.

1. Das Lenkrad ist mit stoßelastischem, griffigem Material verkleidet. Die Lenkradnabe ist so gestaltet, daß die Sicht auf die Instrumente nicht beeinträchtigt wird.

Je nach Modell sind die Außenrückspiegel entweder mechanisch mit einem Drehgriff an der Innenseite der Tür, oder elektrisch mit zwei Schaltern am Armaturenbrett verstellbar. Durch ein Weitwinkelfeld an der Außenkante des linken Spiegels wird der Sichtbereich nach hinten vergrößert und ein toter Winkel weitgehend ausgeschlossen.

2. Die Lenkung ist so konstruiert, daß der Fahrer bei einer eventuellen Kollision weitgehend vor Verletzungen geschützt ist. Ein sichereres Lenksystem gibt es — soweit wir wissen — in keinem anderen Automobil.

3. Im Saab 900 sind die Bedienungselemente in logischen Gruppen zusammengefaßt. An der Mittelkonsole z. B. sind alle Startfunktionen: Zündschloß, Schalthebel, Handbremshebel und der Schalter für die Innenbeleuchtung. Das Bild zeigt die Mittelkonsole in einem Modell mit Schaltgetriebe.

4. Elektrische Fensterheber vorn gehören bei einigen Modellen zur Serienausstattung. Sie lassen sich über Schalter am Armaturenbrett bequem betätigen.

5. Das Oberteil des Armaturenbrettes ist für den Einbau von zwei Lautsprechern vorbereitet. Diese Anordnung unter der Windschutzscheibe garantiert einen guten Klang und einen ausgezeichneten Stereoeffekt.

6. Die Heizung und Lüftung des Saab 900 wird durch eine Vakuumregelung gesteuert. Sie läßt sich regulieren, leicht und exakt einstellen. Die einzelnen Einstellungsstufen sind in einer sorgfältig festgelegten Reihenfolge vorprogrammiert.

Die zentral angeordneten Druckschalter werden durch Symbole gekennzeichnet, die von innen beleuchtet sind. Durch ein verstärktes Aufleuchten des Schalters oder durch eine Kontrollampe am Armaturenbrett erkennt man, welche Funktionen eingeschaltet sind.

Die Themen Sicherheit und Komfort wurden bei Saab immer groß geschrieben. So auch in diesem Prospekt von 1981.

3.

4.

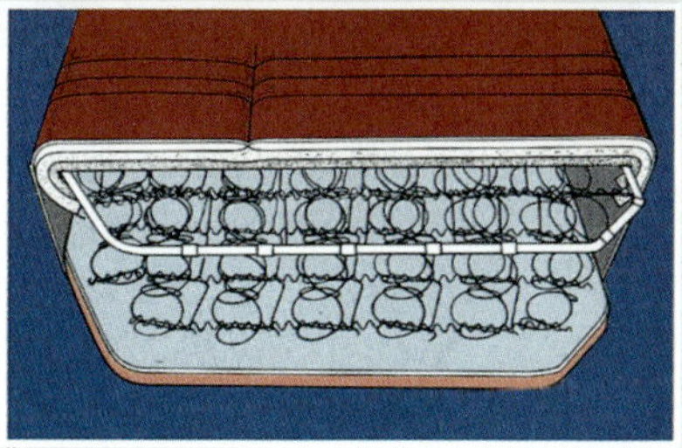

5.

Die in Stufen verstellbaren
ackenstützen der Vordersitze
hützen die Halswirbel von
ihrer und Beifahrer. Gleich-
itig dienen sie als Aufprall-
hutz für die Fondpassagiere.
as Bild zeigt die Innenaus-
attung des 4türigen GLs.

In den GLE- und Turbo-
odellen sorgen plüsch-
zogene Nackenstützen und
ne klappbare Armlehne im
ond für zusätzlichen Kom-
rt.

3. Die Vorverlegung der hinteren Sitzbefestigungen vergrößern das Platzangebot für die Fondpassagiere und erleichtern den Einstieg. Für den Wagenfond gibt es separate Heizungs- und Lüftungskanäle.

4. Der Luftfilter des Heizungs- und Lüftungssystems hält alle Feststoffe von mehr als 0,005 mm Größe, also auch Pollen und Staub, zurück. Er verhindert darüber hinaus das Eindringen von Luftfeuchtigkeit und ein Beschlagen der Scheiben, bevor die Heizung wirksam wird.

5. Die Federkern-Polsterung des Rücksitzes ist auf vier- bis fünfmal so vielen Spiralen aufgebaut wie normalerweise üblich.

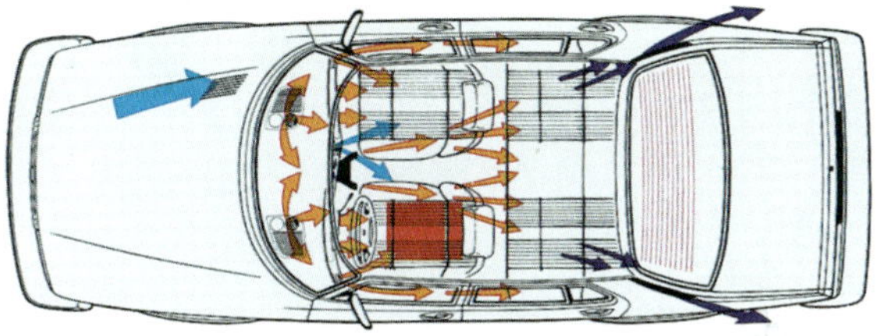

DASS SIE IM SAAB 900 SO BEQUEM FAHREN, LIEGT NICHT NUR AN DEN SITZEN.

Denn das hohe Maß an Komfort, das der Saab 900 bietet, hängt ebenso sehr von seiner Grundkonstruktion wie von den vielen anderen Ausstattungsdetails ab, die das Fahren angenehmer und bequemer machen. Das beginnt bei der Abstimmung der Federn und Stoßdämpfer und betrifft die Konstruktion der Karosserie oder die Art der Motoraufhängung ebenso wie die Isolierung, die Gestaltung der Sitze oder die Auswahl der Textilien. Wer einen Saab 900 fährt, spürt, daß wir bei der Entwicklung dieses Autos auch bei der Konstruktion technischer Details stets auch nach einer Lösung im Sinne größtmöglichen Komforts gesucht haben.

Platz in Hülle und Fülle. Der Innenraum im Saab 900 bietet selbst fünf großgewachsenen Passagieren Platz genug, um unbeengt zu sitzen und bequem zu reisen.

Das gilt auch für die Fondpassagiere. Denn der Sitzkomfort im Fond wird weder durch Radkästen noch durch einen sperrigen Kardantunnel beeinträchtigt.

Sitze mit besonderen Eigenschaften. Die Sitze des Saab 900 geben dem Körper die notwendige Unterstützung, um auch über weite Strecken bequem zu fahren. Sitzfläche und Rückenlehne sind stark schalenförmig ausgebildet und bieten guten Halt. Eine in der Rükkenlehne integrierte elastische Stütze dient der Entlastung der Wirbelsäule.

Die Rückenlehnen der Vordersitze lassen sich stufenlos bis hin zur Liegeposition neigen. Darüber hinaus ist der Fahrersitz nicht nur in Längsrichtung, sondern auch in Höhe und Neigung verstellbar.

Er ist außerdem, ebenso wie der Beifahrersitz bei einigen Modellen, serienmäßig mit einer Sitzheizung ausgerüstet, die sich mit der Zündung automatisch einschaltet, sobald die Sitztemperatur unter +12°C liegt, und abschaltet, sobald die Temperatur +30°C erreicht hat.

Das Heizungs- und Lüftungssystem. Dieses leistungsstarke System sorgt für eine wirksame Belüftung des Fahrgastraumes im Sommer und angenehme Temperaturen im Winter. Ein integrierter Filter, der die Außenluft von kleinsten Feststoffen, Pollen und Staubpartikeln reinigt, sorgt stets für saubere Atemluft im Inneren und schützt damit auch vor Allergie- und Asthmabeschwerden.

Material und Farben der Luxusklasse. Die Saab 900-Modelle des Baujahres 1982 sind mit Plüschbezügen ausgestattet, die in zwei unterschiedlichen Qualitäten angeboten werden: eine für die GL-, GLs-, GLi-Modelle und eine etwas luxuriösere Qualität für die GLE- und die Turbo-Modelle. Das Material ist weich und geschmeidig und dabei dennoch pflegeleicht und verschleißfest. Die Farben der Auslegeteppiche, Seitenverkleidungen und Sitze sind harmonisch aufeinander abgestimmt.

Bei einer Probefahrt lernen Sie den Komfort des Saab 900 am besten kennen. Der Komfort des Saab 900 läßt sich optisch nur schwer beurteilen — denn letzten Endes ist er die Summe vieler Details und Eigenschaften. Um sich von den Qualitäten dieses Autos zu überzeugen, sollten Sie daher unbedingt eine Probefahrt machen. Ihr Saab-Händler lädt Sie gern dazu ein.

23

Und spätestens dann, wenn es ums ermüdungsfreie Fahren geht, hat Komfort sehr wohl auch etwas mit Sicherheit zu tun.

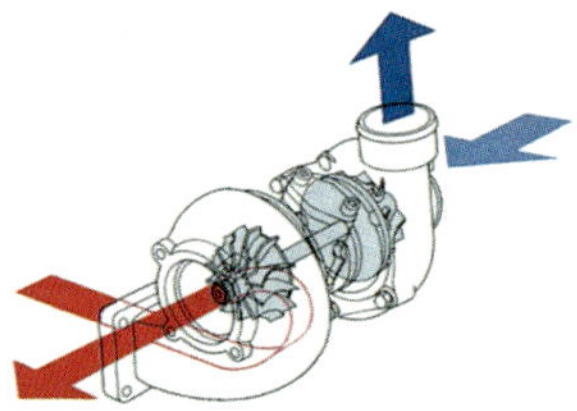

DIE SAAB MOTOREN GEHÖREN ZU DEN FORTSCHRITTLICHSTEN UND WIRTSCHAFTLICHSTEN MOTOREN, DIE ES HEUTE GIBT.

Der Saab Turbo-Motor z. B. ist nicht nur in seiner Konstruktion zukunftsweisend, sondern er bringt auch höhere Leistung, bei gleichzeitig geringem Verbrauch. Dabei arbeitet er jedoch ebenso zuverlässig wie ein konventioneller Vergaser- oder Einspritzmotor.

Doch auch die übrigen Motoren von Saab zeichnen sich durch ein besonders günstiges Verhältnis von Leistung und Verbrauch aus. Während der Grundmotor für die verschiedenen Modelle der Saab 900 Baureihe gleich ist, sind die Kraftstoffsysteme unterschiedlich.

Sparsamer, aber starker Grundmotor. Der Grundmotor für die Saab 900-Modelle ist in zahlreichen Details weiterentwickelt worden. Dadurch war es nicht nur möglich, die Abgase besser zu reinigen, sondern auch die Verdichtung um 3% zu erhöhen, die Verwirbelung des Benzin-Luft-Gemisches zu steigern, die Verbrennung zu optimieren, um so den Kraftstoff noch besser zu nutzen.

Das Motorprogramm für das Modelljahr 1982 umfaßt folgende Varianten:

Einvergasermotor	73 kW (100 DIN PS)
Zweivergasermotor	79 kW (108 DIN PS)
Einspritzmotor	87 kW (118 DIN PS)
Turbomotor	107 kW (145 DIN PS)

Hohes Drehmoment bei niedrigen Drehzahlen und sparsamer Kraftstoffverbrauch. Viel Kraft bei hoher Elastizität und sparsamer Verbrauch sind die charakteristischen Eigenschaften aller Saab Motoren.

Sie zeichnen sich vor allem durch ein erstaunliches Durchzugsvermögen im hohen Gang aus, das sich vor allem bei langen Steigungen und beim Überholen zeigt. Denn die Saab Motoren entwickeln ein hohes Drehmoment schon bei niedrigen Drehzahlen. Das macht sie nicht nur besonders langlebig, sondern auch besonders elastisch. Und was nun den Verbrauch angeht, so können Sie jeden Saab, vor allem aber den Turbo mit seinen 107 kW (145 DIN PS) mit jedem anderen Auto der gleichen Leistungs- und Größenklasse vergleichen. Der Kraftstoffverbrauch dürfte eindeutig für einen Saab sprechen.

Für die Saab 900-Serie stehen drei Getriebe zur Auswahl: Viergang-Handschaltgetriebe, Fünfgang-Handschaltgetriebe und Dreigang-Automatikgetriebe.

30

Vier Motoren standen für das Modelljahr 1982 zur Auswahl.

problemlos erreichbar. Die Herkunft aus dem Flugzeugbau war in diesem Armaturenbrett ebenso deutlich abzulesen wie die Tatsache, dass sich das Bemühen um mehr Sicherheit auf jedes Detail in einem Saab auswirkte. Neu und weiter verbessert war im neuen Saab 900 auch das Heizungs- und Belüftungssystem, das für noch mehr Komfort der Passagiere sorgte.

Ein weiteres Beispiel für die Bedeutung, die die Saab-Ingenieure dem Thema Sicherheit beimaßen, war die neue Sicherheitslenksäule, die sich bei einem Aufprall teleskopartig zusammen- und damit das Lenkrad vom Fahrer wegzog, um das Risiko von Verletzungen im Brust- und Kopfbereich zu verringern.

Der Blick für Details gehörte stets zur »saabischen« Philosophie.

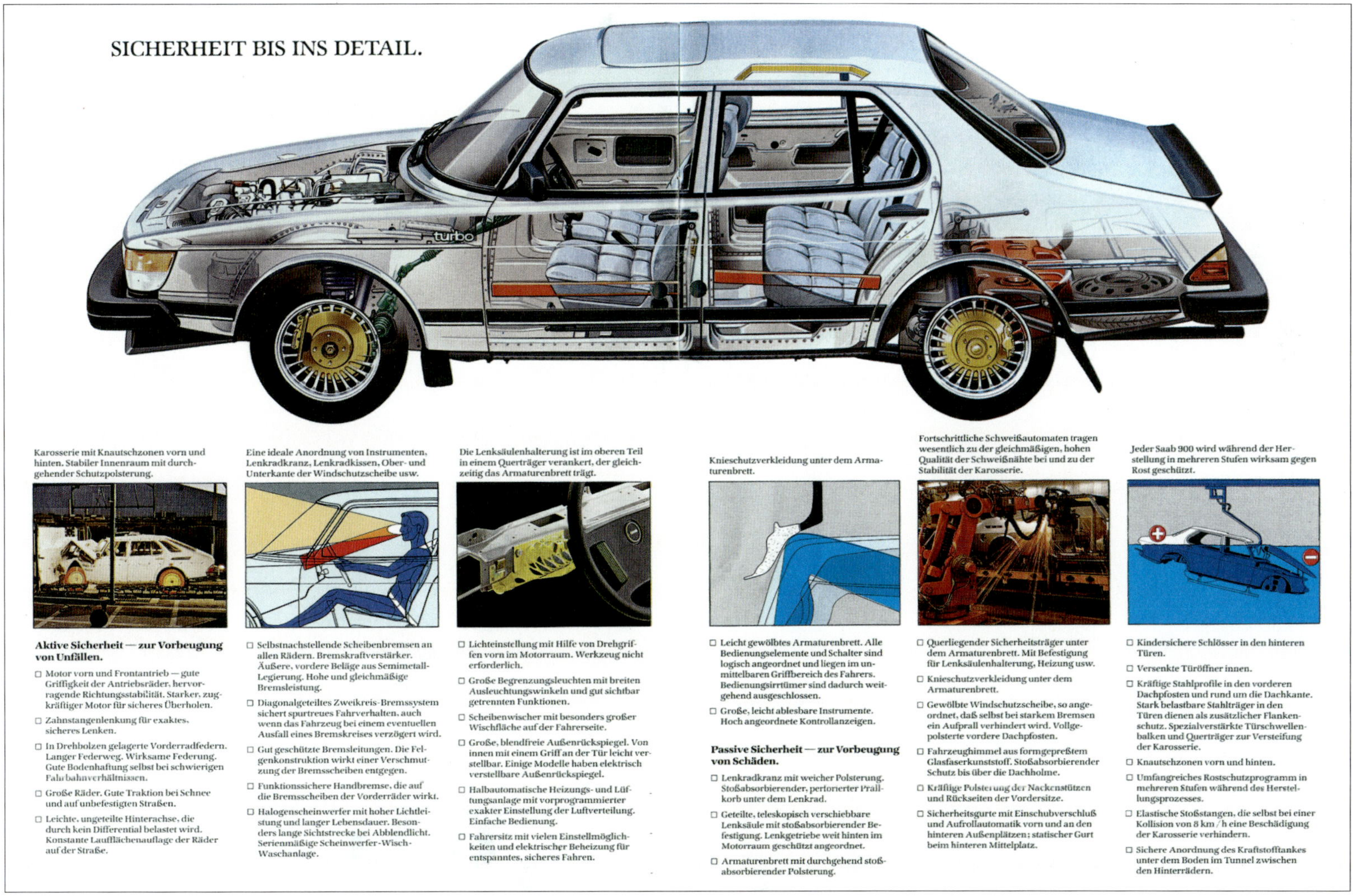

SICHERHEIT BIS INS DETAIL.

Karosserie mit Knautschzonen vorn und hinten. Stabiler Innenraum mit durchgehender Schutzpolsterung.

Eine ideale Anordnung von Instrumenten, Lenkradkranz, Lenkradkissen, Ober- und Unterkante der Windschutzscheibe usw.

Die Lenksäulenhalterung ist im oberen Teil in einem Querträger verankert, der gleichzeitig das Armaturenbrett trägt.

Knieschutzverkleidung unter dem Armaturenbrett.

Fortschrittliche Schweißautomaten tragen wesentlich zu der gleichmäßigen, hohen Qualität der Schweißnähte bei und zu der Stabilität der Karosserie.

Jeder Saab 900 wird während der Herstellung in mehreren Stufen wirksam gegen Rost geschützt.

Aktive Sicherheit — zur Vorbeugung von Unfällen.

- ☐ Motor vorn und Frontantrieb — gute Griffigkeit der Antriebsräder, hervorragende Richtungsstabilität. Starker, zugkräftiger Motor für sicheres Überholen.
- ☐ Zahnstangenlenkung für exaktes, sicheres Lenken.
- ☐ In Drehbolzen gelagerte Vorderradfedern. Langer Federweg. Wirksame Federung. Gute Bodenhaftung selbst bei schwierigen Fahrbahnverhältnissen.
- ☐ Große Räder. Gute Traktion bei Schnee und auf unbefestigten Straßen.
- ☐ Leichte, ungeteilte Hinterachse, die durch kein Differential belastet wird. Konstante Laufflächenauflage der Räder auf der Straße.
- ☐ Selbstnachstellende Scheibenbremsen an allen Rädern. Bremskraftverstärker. Äußere, vordere Beläge aus Semimetall-Legierung. Hohe und gleichmäßige Bremsleistung.
- ☐ Diagonalgeteiltes Zweikreis-Bremssystem sichert spurtreues Fahrverhalten, auch wenn das Fahrzeug bei einem eventuellen Ausfall eines Bremskreises verzögert wird.
- ☐ Gut geschützte Bremsleitungen. Die Felgenkonstruktion wirkt einer Verschmutzung der Bremsscheiben entgegen.
- ☐ Funktionssichere Handbremse, die auf die Bremsscheiben der Vorderräder wirkt.
- ☐ Halogenscheinwerfer mit hoher Lichtleistung und langer Lebensdauer. Besonders lange Sichtstrecke bei Abblendlicht. Serienmäßige Scheinwerfer-Wisch-Waschanlage.
- ☐ Lichteinstellung mit Hilfe von Drehgriffen vorn im Motorraum. Werkzeug nicht erforderlich.
- ☐ Große Begrenzungsleuchten mit breiten Ausleuchtungswinkeln und gut sichtbar getrennten Funktionen.
- ☐ Scheibenwischer mit besonders großer Wischfläche auf der Fahrerseite.
- ☐ Große, blendfreie Außenrückspiegel. Von innen mit einem Griff an der Tür leicht verstellbar. Einige Modelle haben elektrisch verstellbare Außenrückspiegel.
- ☐ Halbautomatische Heizungs- und Lüftungsanlage mit vorprogrammierter exakter Einstellung der Luftverteilung. Einfache Bedienung.
- ☐ Fahrersitz mit vielen Einstellmöglichkeiten und elektrischer Beheizung für entspanntes, sicheres Fahren.
- ☐ Leicht gewölbtes Armaturenbrett. Alle Bedienungselemente und Schalter sind logisch angeordnet und liegen im unmittelbaren Griffbereich des Fahrers. Bedienungsirrtümer sind dadurch weitgehend ausgeschlossen.
- ☐ Große, leicht ablesbare Instrumente. Hoch angeordnete Kontrollanzeigen.

Passive Sicherheit — zur Vorbeugung von Schäden.

- ☐ Lenkradkranz mit weicher Polsterung. Stoßabsorbierender, perforierter Prallkorb unter dem Lenkrad.
- ☐ Geteilte, teleskopisch verschiebbare Lenksäule mit stoßabsorbierender Befestigung. Lenkgetriebe weit hinten im Motorraum geschützt angeordnet.
- ☐ Armaturenbrett mit durchgehend stoßabsorbierender Polsterung.
- ☐ Querliegender Sicherheitsträger unter dem Armaturenbrett. Mit Befestigung für Lenksäulenhalterung, Heizung usw.
- ☐ Knieschutzverkleidung unter dem Armaturenbrett.
- ☐ Gewölbte Windschutzscheibe, so angeordnet, daß selbst bei starkem Bremsen ein Aufprall verhindert wird. Vollgepolsterte vordere Dachpfosten.
- ☐ Fahrzeughimmel aus formgepreßtem Glasfaserkunststoff. Stoßabsorbierender Schutz bis über die Dachholme.
- ☐ Kräftige Polsterung der Nackenstützen und Rückseiten der Vordersitze.
- ☐ Sicherheitsgurte mit Einschubverschluß und Aufrollautomatik vorn und an den hinteren Außenplätzen; statischer Gurt beim hinteren Mittelplatz.
- ☐ Kindersichere Schlösser in den hinteren Türen.
- ☐ Versenkte Türöffner innen.
- ☐ Kräftige Stahlprofile in den vorderen Dachpfosten und rund um die Dachkante. Stark belastbare Stahlträger in den Türen dienen als zusätzlicher Flankenschutz. Spezialverstärkte Türschwellenbalken und Querträger zur Versteifung der Karosserie.
- ☐ Knautschzonen vorn und hinten.
- ☐ Umfangreiches Rostschutzprogramm in mehreren Stufen während des Herstellungsprozesses.
- ☐ Elastische Stoßstangen, die selbst bei einer Kollision von 8 km/h eine Beschädigung der Karosserie verhindern.
- ☐ Sichere Anordnung des Kraftstofftankes unter dem Boden im Tunnel zwischen den Hinterrädern.

TECHNISCHE DATEN SAAB 900, 1982.	900 GL 3 TÜREN	900 GLs 4 UND 5 TÜREN	900 GLi 3 UND 4 TÜREN	900 GLE 4 TÜREN	900 TURBO 3, 4 UND 5 TÜREN
Motor / Leistung.					
Motortyp / Hubraum dm³	Vierzylinder-Reihenmotor / 1,985	Vierzylinder-Reihenmotor / 1,985	Vierzylinder-Reihenmotor / 1,985	Vierzylinder-Reihenmotor / 1,985	Vierzylinder-Reihenmotor / 1,985
Bohrung / Hub, mm	90/78	90/78	90/78	90/78	90/78
Verdichtung	9,5:1	9,5:1	9,5:1	9,5:1	7,2:1
Kraftstoffsystem	1 Horizontal-Vergaser	2 Horizontal-Vergaser	Mechanisch gesteuerte Kraftstoff-einspritzung	Mechanisch gesteuerte Kraftstoff-einspritzung	Mechanisch gesteuerte Kraftstoffeinspritzung, Turbolader
Empfohlene Oktanzahl	97 ROZ (86 MOZ)	97 ROZ (86 MOZ)	97 ROZ (86 MOZ)	97 ROZ (86 MOZ)	97 ROZ (86 MOZ)
Kraftstofftankinhalt, Liter	63	63	63	63	63
Max. Leistung, kW (PS) DIN bei U/min	73 (100) 5200	79 (108) 5200	87 (118) 5500**	87 (118) 5500**	107 (145) 5000
Max. Drehmoment, Nm (kpm) DIN bei U/min	162 (16,5) 3500	164 (16,7) 3300	167 (17) 3700	167 (17) 3700	235 (24) 3000
Höchstgeschwindigkeit	165 km/h	170 km/h (4-Gang-Schaltgetriebe) 160 km/h (Automatgetriebe)	175 km/h	175 km/h (5-Gang-Schaltgetriebe) 165 km/h (Automatgetriebe)	195 km/h (5-Gang-Schaltgetriebe) 185 km/h (Automatgetriebe)
Beschleunigung 0–100 km/h	14,5 Sek.	13,5 Sek. (4-Gang-Schaltgetriebe) 15,5 Sek. (Automatgetriebe)	12,5 Sek.	12,5 Sek. (5-Gang-Schaltgetriebe) 14,5 Sek. (Automatgetriebe)	9,0 Sek. (5-Gang-Schaltgetriebe) 11,5 Sek. (Automatgetriebe)
Zündanlage	Mechanisch	Mechanisch	Mechanisch	Mechanisch	Kontaktlos, elektronisch
Batterie / Drehstromlichtmaschine max. Belastung	12 V 60 Ah / 930 W, 14 V 70 A	12 V 60 Ah / 930 W, 14 V 70 A	12 V 60 Ah / 930 W, 14 V 70 A	12 V 60 Ah / 930 W, 14 V 70 A	12 V 60 Ah wartungsfrei / 930 W, 14 V 70 A
Anlasser, kW (PS)	0,8 (1,1)	0,8 (1,1)	0,8 (1,1)	0,8 (1,1)	0,8 (1,1)
Ventilsystem	Obenliegende Nockenwelle	Obenliegende Nockenwelle	Obenliegende Nockenwelle	Obenliegende Nockenwelle	Obenliegende Nockenwelle
Kühlanlage	Flüssigkeitsinhalt 10 Liter; elektr. angetriebener Thermostatlüfter	Flüssigkeitsinhalt 10 Liter; elektr. angetriebener Thermostatlüfter	Flüssigkeitsinhalt 10 Liter; elektr. angetriebener Thermostatlüfter	Flüssigkeitsinhalt 10 Liter; elektr. angetriebener Thermostatlüfter	Flüssigkeitsinhalt 10 Liter; elektrisch angetriebener Thermostatlüfter
Kraftübertragung.					
Schaltgetriebe	4 Gänge	4 Gänge	5 Gänge	5 Gänge	5 Gänge
Getriebeautomatik	–	Borg-Warner, 3 Stufen (nicht auf allen Märkten erhältlich)	–	Borg-Warner, 3 Stufen	Borg-Warner, 3 Stufen (4- und 5tür. Modelle
Räder.					
Felge	Stahl 5 J × 15″ FHA	Stahl 5 J × 15″ FHA	Stahl 5 J × 15″ FHA	Stahl 5½ J × 15″ FHA mit volldeckenden Radkappen	Leichtmetall 135 TR × 390 FH
Reifen	165 SR 15 Stahlgürtel	165 SR 15 Stahlgürtel	165 SR 15 Stahlgürtel	185/65 SR 15 Stahlgürtel	180/65 HR 390 Michelin TRX
Reserverad (vom Typ Minirad)	Stahl 4 J × 15″ H1	Stahl 4 J × 15″ H1	Stahl 4 J × 15″ H1	Stahl 4 J × 15″ H1	Stahl 4 J × 15″ H1
Reservereifen	T 115/70D 15	T 115/70D 15	T 115/70D 15	T 115/70D 15	T 115/70D 15
Gewichte.					
Leergewicht, vollgetankt, ca. kg	1155	1165–1215	1160–1195	1220–1240	1225–1275
Höchstzulässiges Gesamtgewicht, kg	1620	1640–1670	1620–1640	1670–1690	1670–1720
Kraftstoffverbrauch.*					
Viergang-Schaltgetriebe	**A** 11,8 **B** 7,5 **C** 10,5	**A** 13,7 **B** 7,5 **C** 10,1 (4tür.) **A** 13,7 **B** 7,6 **C** 10,1 (5tür.)			
Fünfgang-Schaltgetriebe			**A** 12,7 **B** 7,3 **C** 9,7 (3tür.) **A** 12,7 **B** 7,3 **C** 9,6 (4tür.)	**A** 12,7 **B** 7,3 **C** 9,6	**A** 14,3 **B** 8,4 **C** 11,6 (4tür.) **A** 14,6 **B** 8,3 **C** 11,0 (3- und 5tür.)
Getriebeautomatik		**A** 11,7 **B** 8,9 **C** 11,7 (4tür.) **A** 11,7 **B** 8,7 **C** 11,5 (5tür.)		**A** 12,4 **B** 8,8 **C** 11,6	**A** 13,1 **B** 9,7 **C** 12,9 (4tür.) **A** 13,8 **B** 9,9 **C** 13,4 (3- und 5tür.)

*) Normverbrauch nach DIN 70030 = ECE-Norm: **A** Stadtverkehr, **B** Landstraße 90 km/h, **C** Autobahn 120 km/h.

**) Für die Bundesrepublik Deutschland einschl. West-Berlin gelten für die Typen 900 GLi + 900 GLE folgende Leistungswerte: Max. Leistung 85 kW (115 PS) 5500 U/min.

Technische Daten für die 900er-Modelle des Modelljahrgangs 1982.

VON MODELLJAHR ZU MODELLJAHR

1980

Der Saab 900 erhielt verbesserte Vordersitze mit neu geformten Rücklehnen und höhenverstellbaren Kopfstützen. Ein neuer Grill und deutlich vergrößerte Heckleuchten waren äußerliche Merkmale des Modelljahrgangs, und für EMS und den Turbo gab es jetzt wahlweise auch ein Fünfgang-Getriebe.

1980 stellte Saab den 900 CD als ein um 20 Zentimeter verlängertes Spezialmodell des 900 vor, das auf dem GLE bzw. dem Turbo basierte. Auf dem Genfer Automobilsalon im Frühling des gleichen Jahres präsentierte Saab den 900 als viertürigen Sedan (= Limousine) mit konventionellem Kofferraum.

1981

Im Modelljahr 1981 kam der viertürige Saab 900 Sedan zu den Händlern. Alle 900er bekamen eine neue Rücksitzbank und einen schmaler geformten Mitteltunnel, sodass der Innenraum an Größe nochmals zulegte. Größer geworden waren auch der Benzintank (jetzt 63 Liter) und der Kofferraum. Der Vorderradantrieb war für den Jahrgang 1981 noch einmal modifiziert worden, und alle neuen Saab 900 erhielten jetzt den neuen H-Motor, der das aus einer erhöhten Verdichtung geschöpfte Potential nicht in eine Leistungssteigerung »investierte«, sondern vielmehr zu einer Verbrauchsreduzierung bei gleichbleibender Leistung nutzte.

1981 warb Saab mit dieser Anzeige in *auto*, dem Organ des Schweizer Automobilclubs, für den neuen 900 Sedan.

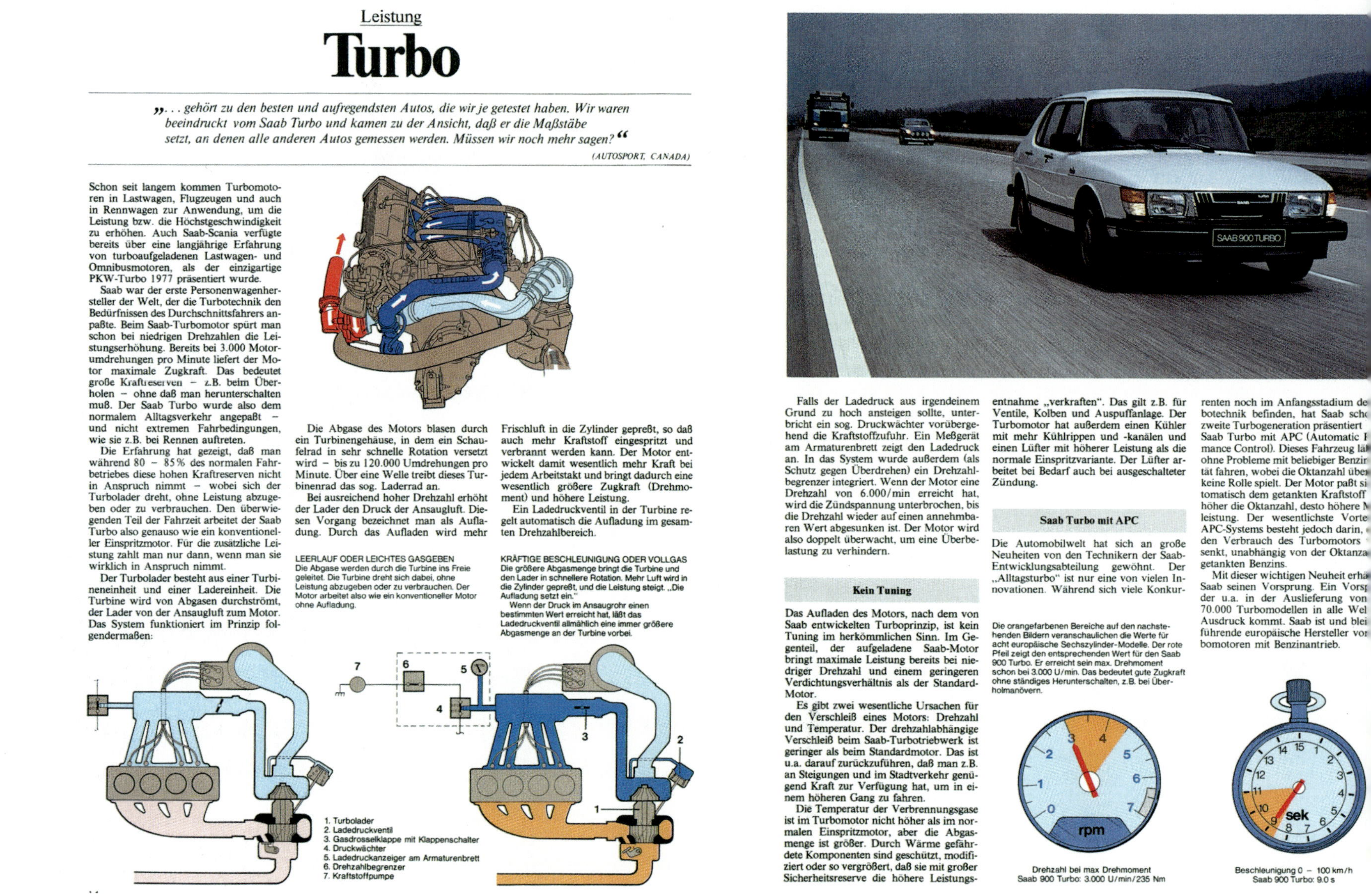

Leistung

Turbo

„... gehört zu den besten und aufregendsten Autos, die wir je getestet haben. Wir waren beeindruckt vom Saab Turbo und kamen zu der Ansicht, daß er die Maßstäbe setzt, an denen alle anderen Autos gemessen werden. Müssen wir noch mehr sagen?"

(AUTOSPORT, CANADA)

Schon seit langem kommen Turbomotoren in Lastwagen, Flugzeugen und auch in Rennwagen zur Anwendung, um die Leistung bzw. die Höchstgeschwindigkeit zu erhöhen. Auch Saab-Scania verfügte bereits über eine langjährige Erfahrung von turboaufgeladenen Lastwagen- und Omnibusmotoren, als der einzigartige PKW-Turbo 1977 präsentiert wurde.

Saab war der erste Personenwagenhersteller der Welt, der die Turbotechnik den Bedürfnissen des Durchschnittsfahrers anpaßte. Beim Saab-Turbomotor spürt man schon bei niedrigen Drehzahlen die Leistungserhöhung. Bereits bei 3.000 Motorumdrehungen pro Minute liefert der Motor maximale Zugkraft. Das bedeutet große Kraftreserven – z.B. beim Überholen – ohne daß man herunterschalten muß. Der Saab Turbo wurde also dem normalem Alltagsverkehr angepaßt – und nicht extremen Fahrbedingungen, wie sie z.B. bei Rennen auftreten.

Die Erfahrung hat gezeigt, daß man während 80 – 85% des normalen Fahrbetriebes diese hohen Kraftreserven nicht in Anspruch nimmt – wobei sich der Turbolader dreht, ohne Leistung abzugeben oder zu verbrauchen. Den überwiegenden Teil der Fahrzeit arbeitet der Saab Turbo also genauso wie ein konventioneller Einspritzmotor. Für die zusätzliche Leistung zahlt man nur dann, wenn man sie wirklich in Anspruch nimmt.

Der Turbolader besteht aus einer Turbineneinheit und einer Ladereinheit. Die Turbine wird von Abgasen durchströmt, der Lader von der Ansaugluft zum Motor. Das System funktioniert im Prinzip folgendermaßen:

Die Abgase des Motors blasen durch ein Turbinengehäuse, in dem ein Schaufelrad in sehr schnelle Rotation versetzt wird – bis zu 120.000 Umdrehungen pro Minute. Über eine Welle treibt dieses Turbinenrad das sog. Laderrad an.

Bei ausreichend hoher Drehzahl erhöht der Lader den Druck der Ansaugluft. Diesen Vorgang bezeichnet man als Aufladung. Durch das Aufladen wird mehr Frischluft in die Zylinder gepreßt, so daß auch mehr Kraftstoff eingespritzt und verbrannt werden kann. Der Motor entwickelt damit wesentlich mehr Kraft bei jedem Arbeitstakt und bringt dadurch eine wesentlich größere Zugkraft (Drehmoment) und höhere Leistung.

Ein Ladedruckventil in der Turbine regelt automatisch die Aufladung im gesamten Drehzahlbereich.

LEERLAUF ODER LEICHTES GASGEBEN
Die Abgase werden durch die Turbine ins Freie geleitet. Die Turbine dreht sich dabei, ohne Leistung abzugeben oder zu verbrauchen. Der Motor arbeitet also wie ein konventioneller Motor ohne Aufladung.

KRÄFTIGE BESCHLEUNIGUNG ODER VOLLGAS
Die größere Abgasmenge bringt die Turbine und den Lader in schnellere Rotation. Mehr Luft wird in die Zylinder gepreßt, und die Leistung steigt. „Die Aufladung setzt ein."

Wenn der Druck im Ansaugrohr einen bestimmten Wert erreicht hat, läßt das Ladedruckventil allmählich eine immer größere Abgasmenge an der Turbine vorbei.

1. Turbolader
2. Ladedruckventil
3. Gasdrosselklappe mit Klappenschalter
4. Druckwächter
5. Ladedruckanzeiger am Armaturenbrett
6. Drehzahlbegrenzer
7. Kraftstoffpumpe

Falls der Ladedruck aus irgendeinem Grund zu hoch ansteigen sollte, unterbricht ein sog. Druckwächter vorübergehend die Kraftstoffzufuhr. Ein Meßgerät am Armaturenbrett zeigt den Ladedruck an. In das System wurde außerdem (als Schutz gegen Überdrehen) ein Drehzahlbegrenzer integriert. Wenn der Motor eine Drehzahl von 6.000/min erreicht hat, wird die Zündspannung unterbrochen, bis die Drehzahl wieder auf einen annehmbaren Wert abgesunken ist. Der Motor wird also doppelt überwacht, um eine Überbelastung zu verhindern.

Kein Tuning

Das Aufladen des Motors, nach dem von Saab entwickelten Turboprinzip, ist kein Tuning im herkömmlichen Sinn. Im Gegenteil, der aufgeladene Saab-Motor bringt maximale Leistung bereits bei niedriger Drehzahl und einem geringeren Verdichtungsverhältnis als der Standard-Motor.

Es gibt zwei wesentliche Ursachen für den Verschleiß eines Motors: Drehzahl und Temperatur. Der drehzahlabhängige Verschleiß beim Saab-Turbotriebwerk ist geringer als beim Standardmotor. Das ist u.a. darauf zurückzuführen, daß man z.B. an Steigungen und im Stadtverkehr genügend Kraft zur Verfügung hat, um in einem höheren Gang zu fahren.

Die Temperatur der Verbrennungsgase ist im Turbomotor nicht höher als im normalen Einspritzmotor, aber die Abgasmenge ist größer. Durch Wärme gefährdete Komponenten sind geschützt, modifiziert oder so vergrößert, daß sie mit großer Sicherheitsreserve die höhere Leistungsentnahme „verkraften". Das gilt z.B. für Ventile, Kolben und Auspuffanlage. Der Turbomotor hat außerdem einen Kühler mit mehr Kühlrippen und -kanälen und einen Lüfter mit höherer Leistung als die normale Einspritzvariante. Der Lüfter arbeitet bei Bedarf auch bei ausgeschalteter Zündung.

Saab Turbo mit APC

Die Automobilwelt hat sich an große Neuheiten von den Technikern der Saab-Entwicklungsabteilung gewöhnt. Der „Alltagsturbo" ist nur eine von vielen Innovationen. Während sich viele Konkurrenten noch im Anfangsstadium de[r Tur]botechnik befinden, hat Saab sch[on die] zweite Turbogeneration präsentiert [–] Saab Turbo mit APC (Automatic P[erfor]mance Control). Dieses Fahrzeug lä[ßt sich] ohne Probleme mit beliebiger Benzin[quali]tät fahren, wobei die Oktanzahl übe[rhaupt] keine Rolle spielt. Der Motor paßt si[ch au]tomatisch dem getankten Kraftstoff [an. Je] höher die Oktanzahl, desto höhere M[otor]leistung. Der wesentlichste Vorte[il des] APC-Systems besteht jedoch darin, [daß es] den Verbrauch des Turbomotors [...] senkt, unabhängig von der Oktanza[hl des] getankten Benzins.

Mit dieser wichtigen Neuheit erhä[lt] Saab seinen Vorsprung. Ein Vors[prung,] der u.a. in der Auslieferung von [über] 70.000 Turbomodellen in alle Wel[t zum] Ausdruck kommt. Saab ist und blei[bt der] führende europäische Hersteller vo[n Tur]bomotoren mit Benzinantrieb.

Die orangefarbenen Bereiche auf den nachstehenden Bildern veranschaulichen die Werte für acht europäische Sechszylinder-Modelle. Der rote Pfeil zeigt den entsprechenden Wert für den Saab 900 Turbo. Er erreicht sein max. Drehmoment schon bei 3.000 U/min. Das bedeutet gute Zugkraft ohne ständiges Herunterschalten, z.B. bei Überholmanövern.

Drehzahl bei max Drehmoment
Saab 900 Turbo: 3.000 U/min/235 Nm

Beschleunigung 0 – 100 km/h
Saab 900 Turbo: 9.0 s

1982 brachte Saab unter der Überschrift »Saab 900 – Gut durchdacht und richtig konstruiert« einen Prospekt heraus, der in Umfang und Charakter schon fast wie eine edel aufgemachte Illustrierte anmutete. Die hier abgebildete Doppelseite zum Thema Turbo und APC steht beispielhaft und stellvertretend für viele weitere Doppelseiten in diesem Prospekt, die unter anderem Themen gewidmet sind wie Karosserie/Interieur, Fahrwerk, Motor, Straßenlage, Bremsen und Lenkung, Rund um den Fahrer, Licht und Sicht, Fahrersitz, Heizung und Lüftung, Praktische Eigenschaften, Zubehör, Ökonomie oder Qualität. Ganz offensichtlich wollte Saab mit dieser Broschüre den anspruchsvollen Autofahrer argumentativ davon überzeugen, dass sein nächstes Auto gar kein anderes sein konnte als ein Saab ...

Der 900 Turbo hatte jetzt neue Frontspoiler aus Kunststoff, von innen verstellbare Außenspiegel, ein neues Lenkrad und elektrische Fensterheber.

Den GLE gab es jetzt nur noch als Viertürer, in den USA hieß er von nun an schlicht »Saab 900«, während der EMS in den Staaten jetzt unter der Bezeichnung »Saab 900 S« verkauft wurde.

1982

1982 führte Saab im 900 Turbo die APC ein, die »Automatic Performance Control«. Mit ihrer Hilfe wurde der Ladedruck an die Qualität des zur Verfügung stehenden Kraftstoffs angepasst und so das schädliche Klopfen im Motor verhindert. Mit anderen Worten: Notfalls lief der Motor auch mit Kraftstoff geringerer Qualität. APC war zunächst nur auf dem schwedischen Markt zu haben, aber das sollte sich rasch ändern.

Der Saab 900 GLE und der Saab Turbo erhielten von diesem Jahr an serienmäßig eine Zentralverriegelung. Es gab neue Reifen mit geringerem Rollwiderstand, und auf den Märkten, auf denen es die gesetzlichen Bestimmungen zuließen, wurden neue Saab 900 jetzt mit Weitwinkel-Außenspiegeln auf der Fahrerseite ausgeliefert.

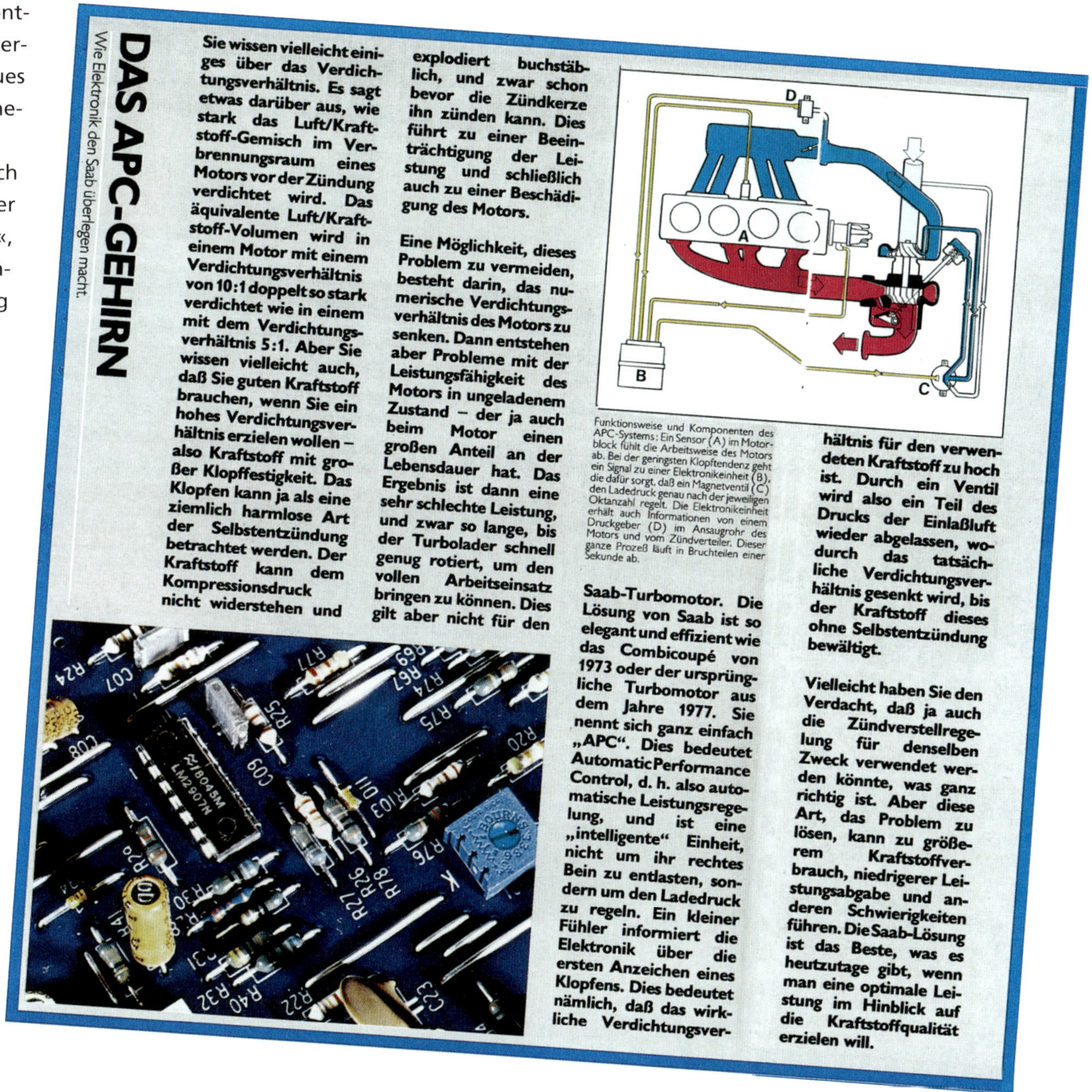

DAS APC-GEHIRN

Wie Elektronik den Saab überlegen macht.

Sie wissen vielleicht einiges über das Verdichtungsverhältnis. Es sagt etwas darüber aus, wie stark das Luft/Kraftstoff-Gemisch im Verbrennungsraum eines Motors vor der Zündung verdichtet wird. Das äquivalente Luft/Kraftstoff-Volumen wird in einem Motor mit einem Verdichtungsverhältnis von 10:1 doppelt so stark verdichtet wie in einem mit dem Verdichtungsverhältnis 5:1. Aber Sie wissen vielleicht auch, daß Sie guten Kraftstoff brauchen, wenn Sie ein hohes Verdichtungsverhältnis erzielen wollen – also Kraftstoff mit großer Klopffestigkeit. Das Klopfen kann ja als eine ziemlich harmlose Art der Selbstentzündung betrachtet werden. Der Kraftstoff kann dem Kompressionsdruck nicht widerstehen und explodiert buchstäblich, und zwar schon bevor die Zündkerze ihn zünden kann. Dies führt zu einer Beeinträchtigung der Leistung und schließlich auch zu einer Beschädigung des Motors.

Eine Möglichkeit, dieses Problem zu vermeiden, besteht darin, das numerische Verdichtungsverhältnis des Motors zu senken. Dann entstehen aber Probleme mit der Leistungsfähigkeit des Motors in ungeladenem Zustand – der ja auch beim Motor einen großen Anteil an der Lebensdauer hat. Das Ergebnis ist dann eine sehr schlechte Leistung, und zwar so lange, bis der Turbolader schnell genug rotiert, um den vollen Arbeitseinsatz bringen zu können. Dies gilt aber nicht für den

Funktionsweise und Komponenten des APC-Systems: Ein Sensor (A) im Motorblock fühlt die Arbeitsweise des Motors ab. Bei der geringsten Klopftendenz geht ein Signal zu einer Elektronikeinheit (B), die dafür sorgt, daß ein Magnetventil (C) den Ladedruck genau nach der jeweiligen Oktanzahl regelt. Die Elektronikeinheit erhält auch Informationen von einem Druckgeber (D) im Ansaugrohr des Motors und vom Zündverteiler. Dieser ganze Prozeß läuft in Bruchteilen einer Sekunde ab.

Saab-Turbomotor. Die Lösung von Saab ist so elegant und effizient wie das Combicoupé von 1973 oder der ursprüngliche Turbomotor aus dem Jahre 1977. Sie nennt sich ganz einfach „APC“. Dies bedeutet Automatic Performance Control, d. h. also automatische Leistungsregelung, und ist eine „intelligente“ Einheit, nicht um ihr rechtes Bein zu entlasten, sondern um den Ladedruck zu regeln. Ein kleiner Fühler informiert die Elektronik über die ersten Anzeichen eines Klopfens. Dies bedeutet nämlich, daß das wirkliche Verdichtungsverhältnis für den verwendeten Kraftstoff zu hoch ist. Durch ein Ventil wird also ein Teil des Drucks der Einlaßluft wieder abgelassen, wodurch das tatsächliche Verdichtungsverhältnis gesenkt wird, bis der Kraftstoff dieses ohne Selbstentzündung bewältigt.

Vielleicht haben Sie den Verdacht, daß ja auch die Zündverstellregelung für denselben Zweck verwendet werden könnte, was ganz richtig ist. Aber diese Art, das Problem zu lösen, kann zu größerem Kraftstoffverbrauch, niedrigerer Leistungsabgabe und anderen Schwierigkeiten führen. Die Saab-Lösung ist das Beste, was es heutzutage gibt, wenn man eine optimale Leistung im Hinblick auf die Kraftstoffqualität erzielen will.

Das APC-»Gehirn« seines Turbomotors erläuterte Saab im gleichen Jahr in einem Prospekt, der sich speziell dem 900 Turbo widmete, noch einmal genauer.

1983

Als weltweit erster Hersteller führte Saab in den 900ern asbestfreie Bremsbeläge in einem Serien-Pkw ein.

Für den 900 Turbo gab es ab sofort Nebelschlussleuchten und ein Luxuspaket mit elektrischem Schiebedach und hochwertiger Lederausstattung als aufpreispflichtige Extras.

Zentralverriegelung und elektrische Fensterheber waren als Sonderausstattung jetzt nicht mehr nur den Modellen GLE und Turbo vorbehalten.

In Schweden präsentierte Saab ein fünftüriges Modell 900 GLi mit dem 118-PS-Einspritzmotor.

Auf dem Genfer Automobilsalon stellt Saab im Frühjahr den neuen 900 Turbo 16 vor, der aber erst im Modelljahr 1984 zu den Händlern kommt.

1984

In Frühjahr präsentierte Saab einen neuen Zweilitermotor mit 16 Ventilen. Im Herbst erlebte dieser 160 PS starke Motor mit zwei obenliegenden Nockenwellen, vier Ventilen pro Zylinder, kuppelförmigen Brennräumen, zentral platzierten Zündkerzen und natürlich auch APC seine Premiere im neuen Saab 900 Aero.

Alle Saab 900 erhielten jetzt eine elektronische Zündung, es gab in diesem Jahr einen neuen, silberfarbenen Kühlergrill, ein neues Drei-Speichen-Sportlenkrad in den Modellen EMS, GLE und Turbo, schwarze Innenverkleidung hinten, eine

Hattrick

Zum dritten Male in ununterbrochener Reihenfolge erkoren die Leser der auflagenstärksten deutschen Automobilzeitschrift „auto motor und sport" den Saab 900 Turbo zur besten ausländischen Limousine in der Klasse bis 2500 cm^3. Von über 80.000 ams-Lesern setzten 46,5 Prozent den Saab auf den ersten Platz in seiner Klasse. Eine kontinuierliche Steigerung zeigte sich beim Abstand zum Zweitplazierten, der von Wahl zu Wahl anwuchs. Auf dem zweiten Rang landete diesmal ebenfalls ein Schwede, der Volvo 244 Turbo, der damit den Citroen CX vom zweiten auf den dritten Platz verdrängte. Die Konsequenzen aus dem brillanten Abschneiden in den beiden letzten Wahlen zog die ams-Redaktion bei der Auswahl des Hauptpreises für 1983 – es ist ein dreitüriger Saab Turbo, den Saab-Generaldirektor Sten Wennlo in Stuttgart an den Gewinner Manfred Petzold aus Burghausen übergeben konnte.

Zum dritten Mal auf Platz eins — Saab 900 Turbo.

»*Neues vom Troll*« gab es am 14. Februar 1983 im hauseigenen Deutschland-Magazin von Saab zu berichten: Der 900 Turbo war zum 3. Mal in Folge von den Lesern der auto motor und sport zur besten ausländischen Limousine in der Klasse bis 2500 cm^3 gewählt worden.

Innenraumbeleuchtung, die erst mit einiger Verzögerung nach dem Schließen der Türen erlosch, und einen Tempomat.

Als viertürige Limousine und als drei- oder fünftüriges Kombi-Coupé kommt der Saab 900 Turbo 16 in den Handel. Als Sondermodell gab es den Turbo 16 unter der Bezeichnung 900 Turbo 16 S (bzw. »Aero«) auch mit besonders reichhaltiger Ausstattung, doch wurde dieses Modell, das es nur in Schwarz oder Silber gab, nicht auf allen Märkten angeboten.

1985

Mit der in diesem Jahr erfolgten Einführung des neuen Spitzenmodells Saab 9000 wurde das 900-Programm gestrafft. Es gab in dieser Baureihe jetzt das Basismodell Saab 900 (Vergasermotor, 100 PS),

WIE MAN SITZT, SO FÄHRT MAN.

Gutes Autofahren ist auch eine Frage des richtigen Sitzens. Das gilt auch für die Passagiere. Lange Tagesfahrten können leicht zur Qual werden, wenn man sich auf seinem Platz nicht richtig sitzt.

Hohe Fahrsicherheit setzt voraus, daß auch der Fahrer vernünftig sitzt. Natürlich sollte er nicht ermüden oder Nacken- und Rückenbeschwerden bekommen. Er muß auch „funktionell" sitzen, d.h., er muß eine möglichst gute Sicht haben und alle Schalter und Hebel erreichen können, ohne daß er vom Verkehrsgeschehen abgelenkt wird. Außerdem müssen Fahrer und Beifahrer auch sicher sitzen.

Der Fahrersitz im Saab 900 ist einer der bequemsten Autositze der Welt. Selbst auf langen Reisen beugt er Ermüdungen vor und gibt Schenkeln, Rücken und Nacken den richtigen Halt. Um den Komfort für große Fahrer zu verbessern, haben wir in diesem Jahr die Vordersitze 20 mm tiefer angeordnet.

Die Nackenstütze besteht aus weichem, geschäumtem Material, das um ein energieverzehrendes Stützblech gegossen ist. Es schützt den bei Auffahrunfällen von hinten besonders gefährdeten Halswirbel. Ein typisches Beispiel dafür, wie die Sicherheit bei Saab ins Detail geht.

Die Schalenform von Sitzfläche und Rückenlehne unterstützt wichtige Körperpartien besonders wohltuend. Die Sitzfederung ist angenehm weich, aber fest genug, um nicht das Gefühl von Unstabilität aufkommen zu lassen.

Die Federung des Rücksitzes ist ein Kapitel für sich. Die Federkernpolsterung gleicht Druckunterschiede aus – genauso wie bei exklusivem Sitzmöbel. Selbst auf dem mittleren Platz sitzt man ausgezeichnet.

Qualität und Komposition **der Textilien** entscheiden mit über das Komforterlebnis. Je nach Modell und Ausrüsfungsstandard bieten wir verschiedene Konfektionsmuster an, und zwar jeweils in der besten Bezugqualität. Der Plüschbezug in zwei verschiedenen Qualitäten ist behaglich weich und angenehm dick. Alle Stoffbezüge sind pflegeleicht und luftdurchlässig. Angenehm im Sommer wie im Winter.

Die Lederbezüge beziehen wir direkt von einem schottischen Lederveredelungsunternehmen mit langjähriger Tradition.

Die Konfektionierung hält einer strengen Prüfung stand. Dabei ist nicht nur das Aussehen ansprechend, sondern auch die Verarbeitung überdurchschnittlich gut – was in einem Automobil vielleicht noch wichtiger ist als für die Sitzgruppe zu Hause.

Die elektrische Sitzbeheizung führte Saab als erster Hersteller der Welt in der Serienproduktion ein. Nicht nur aus medizinischen Gründen, sondern auch aus Sorge um die Sicherheit des Fahrers. Ein frierender Fahrer fährt bekanntlich verkrampfter und reagiert langsamer! Ein Thermostat schaltet die Sitzbeheizung automatisch ein und aus. Bei den meisten 900er-Modellen ist auch der Beifahrersitz elektrisch beheizt. ■

1 Schalenförmige Rückenlehne und Sitzfläche. Im Kreuz verstärkt und mit speziellen Aussparungen für die Schulterblätter.
2 Eleganter und verschleißfester Plüsch.
3 Eingebaute, automatische Sitzbeheizung.
4 Tiefe Sitzfläche für optimale Abstützung der Oberschenkel.
5 Umstellung von Sitzhöhe und -neigung (Fahrersitz).
6 Einstellung in Längsrichtung.
7 Einstellung der Rückenlehnenneigung.
8 Leicht zugänglicher Hebel zum Umklappen der Rückenlehne (Modelle mit drei Türen).
9 Weiche Rückseite, schützt die Beine der Fondpassagiere.
10 Kräftiger Stahlrahmen.
11 In der Höhe verstellbare Nackenstütze. Weiche Schutzpartie für Halswirbel.

Alle Modelle im 900-Programm haben sehr exklusive Sitzbezüge. Auch das Grundmodell 900 GL ist mit Plüschbezügen ausgestattet – was bei vielen anderen Automobilen als höchster Luxus angesehen wird. Die einzelnen Saab-Modelle haben eine unterschiedliche Innenausstattung bis zu Lederbezügen.

Wie man sich bettet, so liegt man? Vielleicht, aber Saab weiß es besser: Wie man sitzt, so fährt man! Prospekt von 1983.

den Saab 900i (Einspritzmotor, 118 PS), den Saab 900 Turbo (8 Ventile, 145 PS) und den Saab 900 Turbo 16 (16 Ventile, 175 PS), jeweils in allen drei Karosserievarianten, also als Drei-, Vier- oder Fünftürer. Einzig der 900i war auch als Zweitürer lieferbar. Der 900i war auch das Modell, in dem die früheren Versionen EMS und GLE aufgingen: Nicht länger als eigenständige Modelle erhältlich, waren die Autos doch immer noch als Ausstattungsvarianten des einen Typs 900i erhältlich. Alle 900i hatten eine neue Auspuffanlage mit besserer Geräuschdämmung.

Alle 900er erhielten von diesem Jahr an

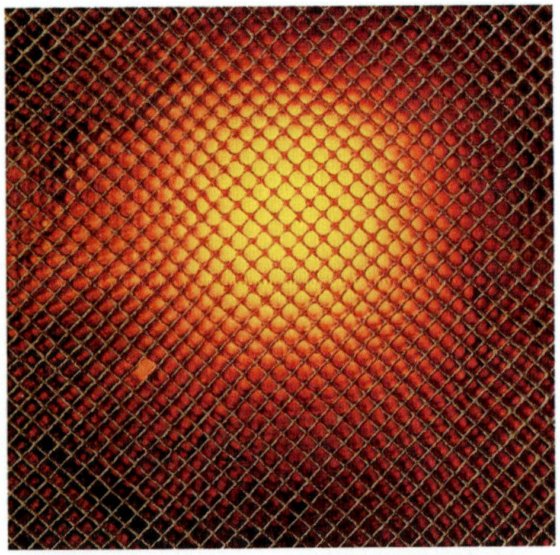

Der Katalysator wird von den Abgasen erhitzt und arbeitet bei Temperaturen von ca. 300–800°.

So funktioniert die Abgasreinigung.
Der Katalysator sitzt im Abgassystem des Wagens. Saab verwendet einen Dreiweg-Katalysator, der drei Hauptbestandteile der Abgase „entgiftet“, nämlich Kohlenmonoxid, Kohlenwasserstoffe und Stickoxide. Der aktive Teil im Katalysator ist ein keramischer Kern, der mit Edelmetallen überzogen ist. Der Kern ist mit einer großen Anzahl durchgehender paralleler Vierkantkanäle – über 60 pro cm^2 – perforiert, damit die aktive Fläche im Katalysator so groß und der Widerstand so gering wie möglich wird. Der von Saab verwendete Katalysator hat einen Kern aus zwei Teilen. Im Spalt zwischen diesen beiden Teilen entstehen Turbulenzen, so daß sich die Gase gut vermischen, bevor sie in den zweiten Teil des Katalysators eintreten. Das trägt mit zum hohen Wirkungsgrad bei.

Der Kern ist in einen Behälter aus rostfreiem Stahl eingebaut, der aus zwei zusammengeschweißten Hälften besteht. Der Raum zwischen Kern und Behälter ist mit dicht zusammengewobener Stahlwolle gefüllt, deren Aufgabe darin besteht, zwischen Gehäuse und Kern abzudichten und den Kern vor Hitzespannungen und Stößen zu schützen.

Was geschieht im Katalysator?
Katalyse ist ein chemischer Vorgang, bei dem zwei Stoffe im Beisein eines dritten Stoffes, dem Katalysator, miteinander reagieren. Bei der chemischen Reaktion wird der Katalysator aber nicht beeinflußt. Im Saab-Katalysator erzeugen die Edelmetalle Platin und Rhodium die Reaktion. Kohlenmonoxid und Kohlenwasserstoffe oxidieren, d.h. sie nehmen Sauerstoff auf, während die Stickoxide reduzieren, d.h. Sauerstoff abgeben. Durch die Katalyse werden die Abgase in der Hauptsache in Kohlendioxid (Kohlensäure) und Stickstoff umgewandelt. Diese beiden Stoffe sind natürliche Bestandteile unserer Luft.

Lambda-Regelung.
Damit der Katalysator so gut wie möglich funktionieren kann, müssen die Abgase eine bestimmte Zusammensetzung haben. Aus diesem Grund ist ein genau abgestimmtes Gemisch für den Motor erforderlich – 14,7 Teile Luft auf 1 Teil Kraftstoff. Dieses Idealverhältnis nennt man Lambda = 1. Bei dieser Zahl haben die einzelnen Bestandteile der Abgase ein solches Verhältnis zueinander, daß man sowohl eine Oxidation von Kohlenwasserstoffen und Kohlenmonoxid als auch eine Reduktion von Stickoxiden erhält.

Um Lambda = 1 unter verschiedenen Fahrverhältnissen zu erreichen, ist eine äußerst exakte Regelung des Kraftstoff/Luftgemisches im Motor erforderlich. Hierfür verwendet man einen Sensor, die sog. Lambda-Sonde. Sie sitzt im Abgassystem und hat die Aufgabe, den Sauerstoffgehalt im Abgas zu registrieren. Die Lambda-Sonde schickt entsprechende Signale an eine Elektronikeinheit, welche die Kraftstoffeinspritzung in den Motor entsprechend anpaßt.

Die Lambda-Sonde.
Im Abgasrohr sitzt ein Fühlkörper, die sog. Lambda-Sonde. Sie reagiert blitzschnell auf Veränderungen des Sauerstoffgehaltes in den Abgasen und schickt elektrische Signale an die Elektronikeinheit des Systems.

Die Lambda-Regelung der Kraftstoffeinspritzung ist eine Voraussetzung dafür, daß der Katalysator Kohlenmonoxid, Kohlenwasserstoffe und Stickoxide in hohem Maße umwandeln kann. Die Lambda-Sonde (**1**) fühlt den Sauerstoffgehalt im Abgasrohr mit größter Präzision ab und schickt elektrische Signale an die Elektronikeinheit (**2**) des Einspritzsystems.

Die Elektronikeinheit regelt das Verhältnis zwischen Kraftstoff und Luft so, daß es dem Idealwert Lambda = 1 möglichst nahe kommt. Sie sitzt im Innenraum des Wagens und ist dort gut vor Feuchtigkeit und elektrischen Störquellen geschützt.

Der Katalysator (**3**) ist im vorderen Teil des Abgasrohres unter dem Wagenboden montiert. Ein Wärmeschild verhindert Wärmeabstrahlung in den Innenraum.

Katalysator und Lambda-Sonde haben eine sehr lange Lebensdauer – mindestens 80 000 km bei normaler Fahrweise.

Die Kat-Modelle von Saab sind außerdem mit einer geschlossenen Kraftstoffanlage ausgerüstet, was das Entweichen von Kohlenwasserstoff-Dämpfen ins Freie auf ein Minimum reduziert.

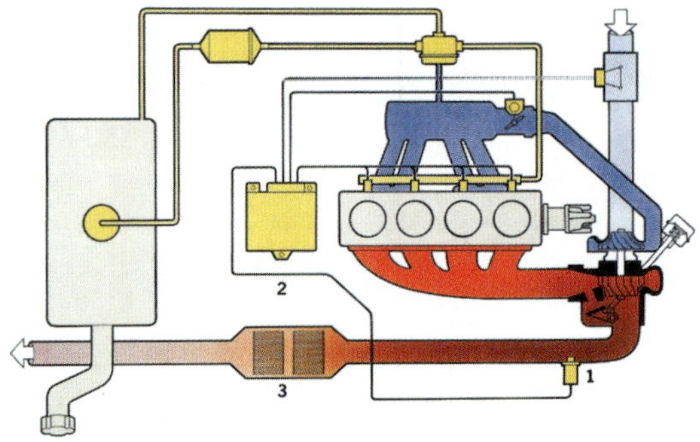

Elektronische Regelung.
Wenn die Signale von der Lambda-Sonde Abweichungen von Lambda = 1 andeuten, berechnet eine Elektronikeinheit, welche Veränderung der eingespritzten Kraftstoffmenge notwendig ist, um die Abgaszusammensetzung wieder auf Lambda = 1 zurückzuführen. Die Elektronikeinheit veranlaßt das Einspritzsystem zu einer entsprechenden Änderung der eingespritzten Kraftstoffmenge.

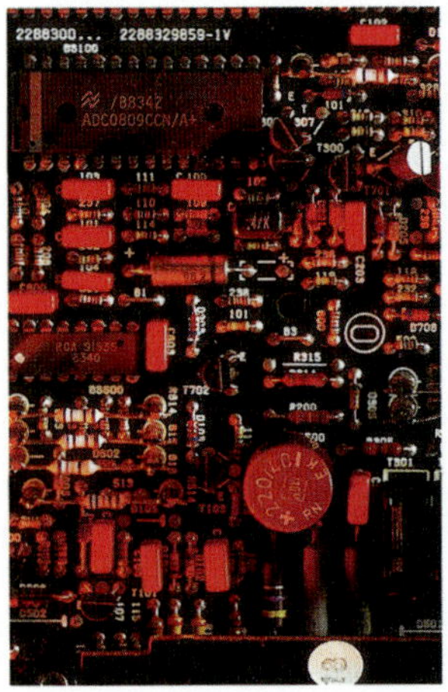

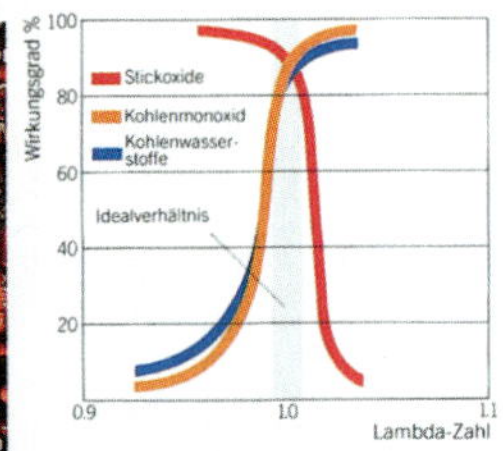

Wirksame Reinigung.
Wenn der Motor mit einem Kraftstoff/Luftgemisch gefahren wird, das sich im Idealverhältnis Lambda = 1 verhält, funktioniert der Dreiweg-Katalysator am wirksamsten. Nahezu 90% des Kohlenmonoxids, der Kohlenwasserstoffe und der Stickoxide in den Abgasen werden in ungefährlichere Gase umgewandelt.

1985 gab es von Saab eine modellübergreifende Broschüre, die sich eigens dem Thema Abgasreinigung widmete.

wirksamere Bremsbeläge an den Vorderrädern, einen stärkeren Anlasser und eine zusätzliche Seitenschutzleiste. Des Weiteren führte Saab 1985 sein neues, sogenanntes »umgedrehtes Lackierungsverfahren« ein, das einen besseren Schutz gegen Korrosion versprach.

Auf den Saab-Motorhauben prangte jetzt ein neues Logo, das die Autos als Produkte des Unternehmens Saab-Scania AB auswies. Das gleiche Logo zierte natürlich auch den Kofferraumdeckel und prangte in der Mitte des Lenkrads.

Die Turbo-Modelle dieses Jahrgangs erhielten einen Chrom-Grill.

In einem Saab hatte man tatsächlich das Gefühl, dass das Cockpit um den Fahrer herumgebaut worden sei.

1986

Saab verbesserte die Vorwärmung der Ansaugluft im Motor, außerdem erhielten 900 und 900i eine neue Auspuffanlage, die für ein deutlich höheres Drehmoment sorgte. Alle 16-Ventil-Motoren in den 900er-Modellen erhielten eine neue, hydraulische Motoraufhängung zur Steigerung der Laufruhe. Die Innenausstattung wurde ebenfalls in allen Modellen durch eine Mittelarmlehne für die Rücksitzbank weiter aufgewertet. Äußerlich war die Zugehörigkeit zum 86er-Modelljahr (wie übrigens auch beim Saab 90) leicht an den neuen, zusätzlichen seit-

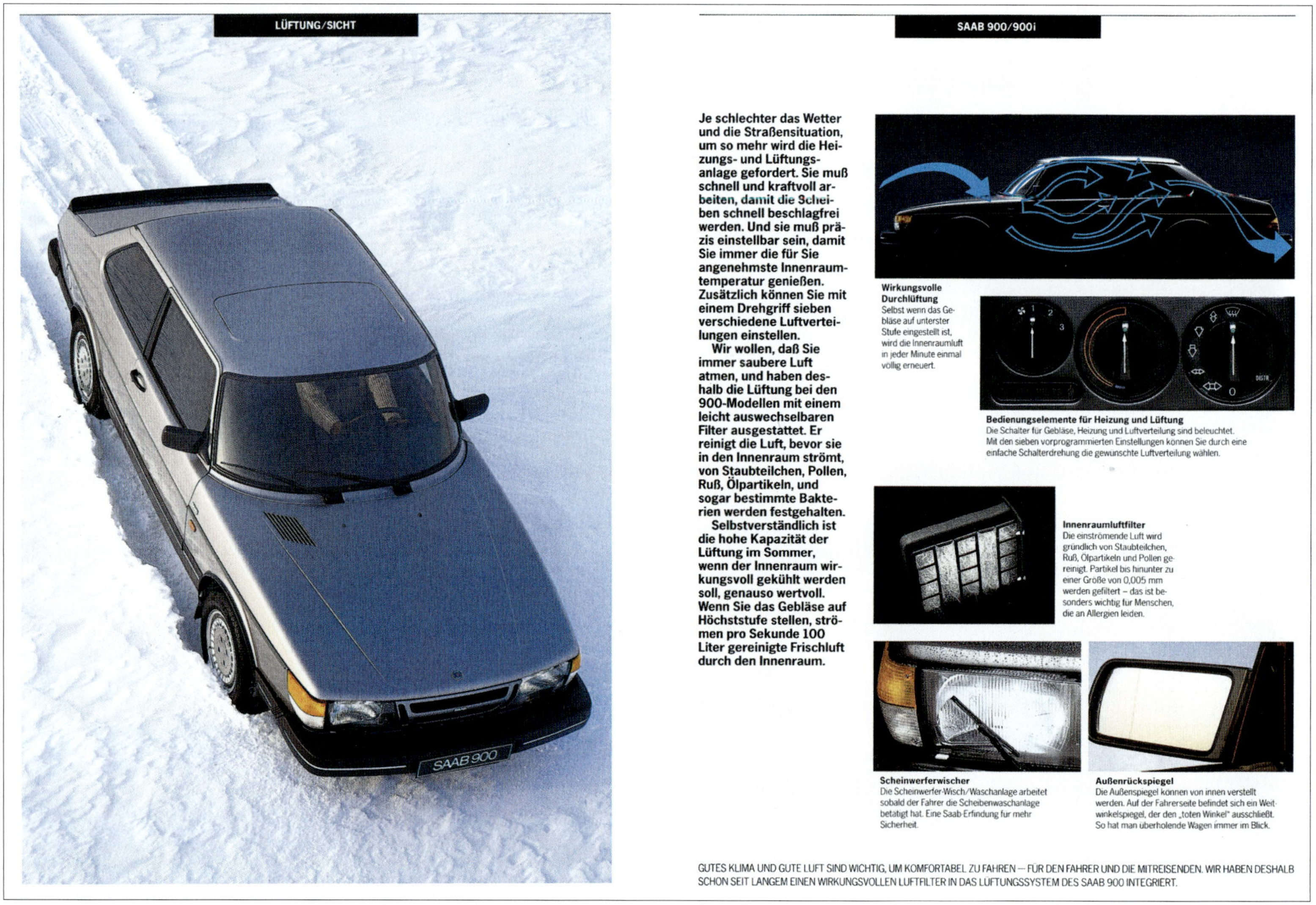

Thema Lüftung und Sicht in einem Prospekt für die Modelle Saab 900 und 900i von 1985. (Modelljahr 1986)

lichen Blinkleuchten erkennbar, die am hinteren Ende der vorderen Kotflügel angebracht waren.

Den Saab 900 Turbo gab es jetzt auch als zweitüriges Modell. Ein Ladeluftkühler brachte dem 8-Ventil-Turbomotor zehn zusätzliche Pferdestärken, er leistete jetzt 155 PS.

Die Produktion des Saab 900 Turbo 16 Cabrios lief an. Die ersten 400 Exemplare gingen allesamt in die USA, die nachfolgenden gehörten dann – auch äußerlich auf den ersten Blick deutlich erkennbar – bereits zum nächsten Modelljahrgang.

PRAKTISCHE EIGENSCHAFTEN

SAAB 900/900i

Der Saab 900 ist mit gutem Recht als sehr vielseitiges Automobil bekannt. Am praktischsten und flexibelsten ist wohl das Combi Coupé mit seinem dreifach variierbaren Laderaum. Der normale Gepäckraum ist leicht zu be- und entladen. Er hat eine völlig ebene Ladefläche, glatte Seiten und eine große Öffnung – vom Dach bis zur Stoßstange. Wenn Sie die Hutablage entfernen, können Sie auch höhere Gegenstände befördern. Oder einen praktischen Platz für den Hund schaffen. Müssen Sie jedoch besonders sperrige Dinge befördern, können Sie den gesamten Rücksitz leicht und schnell nach vorn klappen . . . und haben so einen riesigen Raum von ca. 1600 Liter Ladevolumen.

Doch auch wenn Sie sich für ein Sedan Modell entscheiden, haben Sie die gleiche Möglichkeit. Denn auch hier läßt sich der Rücksitz nach vorn klappen. Nur wenige Automobile dieser Klasse sind so vielseitig. Es gehört jedoch zur Saab-Philosophie, mit praktischen Eigenschaften den Nutzen eines Automobils zu erhöhen.

Gepäckraum im Combi Coupé
Der normale Gepäckraum hat ein Ladevolumen von 602 Liter. Wenn der Rücksitz nach vorn geklappt wird, verlängert sich die Bodenfläche auf 183 cm in der Länge und das Ladevolumen erhöht sich auf ca. 1600 Liter.

Gepäckraum im Sedan
Das Sedan Modell hat ein Ladevolumen von 617 Liter. Die Ladefläche ist völlig glatt und bis in die Seiten mit Teppich ausgelegt. Wenn Sie den Rücksitz nach vorn klappen, verlängert sich die Bodenfläche auf 175 cm und das Ladevolumen erhöht sich auf ca. 1500 Liter.

Extra Aufbewahrungsraum
Der Gepäckraum ist beleuchtet. Unter einer Bodenklappe des Laderaums befindet sich ein zusätzliches Fach für Notrad, Wagenheber, Werkzeug, Abschleppseil, Warndreieck, Reservekanister usw.

DER GEPÄCKRAUM IST LEICHT ZU BELADEN. ER HAT EINE VÖLLIG EBENE LADEFLÄCHE UND GLATTE, TEPPICHBESPANNTE SEITEN, OHNE SCHARFE VORSPRÜNGE, DIE DAS GEPÄCK BESCHÄDIGEN KÖNNTEN. UND: DER GEPÄCKRAUM KANN SCHNELL IN EINEN GROSSEN KOMBI-LADERAUM VERWANDELT WERDEN – EBENFALLS MIT EINER VÖLLIG EBENEN LADEFLÄCHE.

32 33

In puncto Kofferraum und Ladevolumen lagen Limousine und Kombi-Coupé beinahe gleichauf.

1987

Zum Modelljahrgang 1987 erhielt der Saab 900 ein umfangreiches Facelift. Alle Modelle – bis auf das Basismodell Saab 900 – erhielten eine neue, abfallende Front (die Modelle bis einschließlich Modelljahr 1986 werden deshalb auch Geradschnauzer genannt), die den Luftwiderstand der Karosserie um ganze fünf Prozent zu senken vermochte. Die neuen Stoßstangen waren vorne und hinten deutlich zierlicher, ihr Gewicht lag um rund ein Drittel niedriger als bei den Vorgängermodellen. Trotzdem waren sie – typisch saabisch eben – in der Lage, ihre Aufgabe noch

Farbprogramm 1987.
Das Saab 900 Cabriolet wird mit fünf Außenlacken angeboten – sämtliche in Kombination mit elegantem, mattschwarzem Verdeck. Eine farblich angepaßte Innenausstattung mit ausgewählten Ledersitzpolstern ist Bestandteil der reichhaltigen Serienausstattung.

LACKFARBEN

Kirschrot
Schwarz
Zirrusweiß
Odoardograu Metallic
Silber Metallic

INNENRAUMFARBEN

A. Coloradorot
B. Sierrabraun
C. Buffalo

KAROSSERIE	EINRICHTUNG, LEDER		
Standard-Lackfarben	A	B	C
Kirschrot		●	●
Schwarz	●	●	●
Zirrusweiß	●		●
Metallic-Lackfarben			
Odoardograu	●	●	●
Silber	●		●

■ Aus drucktechnischen Gründen können die Farben in diesem Prospekt nicht ganz originalgetreu wiedergegeben werden. Abweichungen vom Farbprogramm können von Markt zu Markt vorkommen. Ihr Saab-Händler kann Sie über das jeweils gültige Farbprogramm genau informieren.

»Das Saab 900 Cabriolet – ein Traum von Freiheit«, lautete die erste Überschrift in einem Prospekt von 1986, der sich ausschließlich dem Cabrio widmete.

deutlich besser zu erfüllen als die weitaus massigeren Vorläufer.

In allen Turbo-900ern gab es jetzt die regulierbare Fahrersitzheizung. Der Saab 900 GLi erhielt von diesem Jahr an serienmäßig eine Servolenkung.

Das 175 PS starke 900 Turbo 16 Cabrio war jetzt – mit der neuen Front – auch außerhalb der USA lieferbar. (Die ersten 400 Turbo-Cabrios waren noch Geradschnauzer gewesen und ausschließlich in die Staaten geliefert worden.)

Auf nahezu allen Märkten weltweit (darunter natürlich auch Schweden und längst auch die Vereinigten Staaten) lieferte Saab

SAAB 900 CABRIOLET

Ein komfortabler Viersitzer. Das Saab 900 Cabriolet bietet komfortablen Reisekomfort für vier Erwachsene. Sie werden kaum Sitze finden, in denen Sie bequemer sitzen, und selbstverständlich ist auch der Rücksitz mit erholsamen Nackenstützen ausgestattet. Die Lederpolsterung gibt dem Innenraum Stil und ein bestimmtes Flair (Sie wird übrigens schöner, je älter sie wird). Selbst mit offenem Dach haben Sie im Saab 900 Cabriolet das Gefühl, in vollster Sicherheit zu reisen.

Wenn Sie ein wahrer Cabriolet-Enthusiast sind, wollen Sie sicher auch an einem schönen Frühlings- oder Herbsttag offen fahren. Und wenn die Luft dann noch etwas frisch ist ... die elektrisch beheizten Sitze machen Ihnen das Erlebnis, Cabriolet zu fahren, komfortabler. Und bei einem Saab können Sie sicher sein, daß das Heizungs- und Lüftungssystem auch mit den härtesten nordischen Wintern fertig wird.

Dachschutz
Bei heruntergeklapptem Dach wird der Stauraum mit einer Abdeckung geschützt. Sie bildet einen eleganten Übergang zwischen Innenraum und Karosserie.

Rücksitz
Der Rücksitz ist komfortabel gepolstert. Zwei Nackenstützen machen es den Fondpassagieren bequem und sicher. Serienmäßig mit Lederpolstern ausgestattet, geben diese dem Interieur eine luxuriöse Atmosphäre.

Automatische Beheizung
Die Vordersitze werden automatisch beheizt. Beim Fahrersitz kann die Temperatur eingestellt werden.

DER INNENRAUM DES SAAB 900 CABRIOLET BIETET IHNEN EINE KOMBINATION VON BESTEM FAHRKOMFORT, GROSSZÜGIGER AUSSTATTUNG UND SPORTLICHER ELEGANZ.

Auch auf den Rücksitzen bot das Saab 900 Cabriolet zwei Erwachsenen relativ komfortabel Platz.

MODELLPROGRAMM 1988

Saab 900 Turbo

Wenn Sie häufig weit und schnell reisen, ist der Saab 900 Turbo der richtige Partner für Sie. Mit 150 PS (140 PS mit Katalysator) verfügen Sie über ausreichende Kraftreserven. Der großzügig ausgelegte Innenraum und das für hohe Geschwindigkeiten konzipierte Fahrwerk schaffen den komfortablen Rahmen für entspanntes Fahren. Reichhaltig ist die Serienausstattung des Saab 900 Turbo: u.a. Zentralverriegelung, verzögerte Innenraumbeleuchtung, Luxus-Veloursbezüge und Kopfstützen hinten. Als Sonderausrüstung sind Lederpolsterung und Klimaanlage erhältlich.

SIE KÖNNEN BEIM SAAB 900 TURBO ZWISCHEN EINEM 3- UND 5-TÜRIGEN COMBI COUPÉ SOWIE EINER 2- ODER 4-TÜRIGEN LIMOUSINE WÄHLEN.

SERIENAUSSTATTUNG

5-Gang-Schaltgetriebe. Servolenkung. Selbstreparierende Stoßstangen. Front- und Heckspoiler. Leichtmetallfelgen. Halogenscheinwerfer. Lichtautomatik (Scheinwerfer werden mit der Zündung ausgeschaltet). Rückfahrscheinwerfer. Nebelschlußleuchten. Scheinwerfer-Wisch-Wasch-Anlage. Scheibenwischer mit Intervallfunktion. Mechanisch von innen verstellbare Außenrückspiegel an beiden Seiten (Weitwinkel-Ausführung an der Fahrerseite). Abblendbarer Innenrückspiegel. Bronzefarbene Scheibentönung. Elektrisch beheizte Heckscheibe. Zentralverriegelung. Kindersicherung an den hinteren Türen. Elektrisch beheizte Vordersitze (einstellbare Temperatur beim Fahrersitz) mit stufenlos verstellbaren Rückenlehnen. Sitzfläche des Fahrersitzes in Höhe und Neigung verstellbar. In der Höhe verstellbare Nackenstützen vorn. Rücksitz mit Nackenstützen und Mittelarmlehne. Aufbewahrungstaschen auf der Rückseite der Frontsitze. Veloursbezüge de Luxe. 4 Sicherheitsgurte mit Aufrollautomatik, Hüftgurt für den hinteren Mittelplatz. Mittelkonsole vorn. Lautsprecher vorn. Drehzahlmesser. Formgepreßter, isolierender Fahrzeughimmel. Innenraumfilter (nicht bei Fahrzeugen mit Klimaanlage). Innenbeleuchtung mit Verzögerungseffekt. Abschließbares, beleuchtetes Handschuhfach. Kofferraumbeleuchtung.

AB WERK INSTALLIERTE SONDERAUSRÜSTUNG

Katalytische Abgasreinigung. Automatik-Getriebe (bei bestimmten Modellen). Elektrisches Stahlschiebedach. Elektrische Fensterheber. Elektrische, von innen verstellbare Außenspiegel. Klimaanlage. Lederpolsterung. Metallic-Lackierung. S-Paket mit u.a. härteren Stoßdämpfern, Querstabilisatoren, Leichtmetallfelgen „Super Inca", 195/60 VR Rädern, Schaltknüppel-Manschette aus Leder.

Der Innenraum des 3-türigen Saab 900 Turbo.

Das 3-türige Saab 900 Turbo Combi Coupé. Extra: Schiebedach und Metallic-Lackierung.

28

MODELLPROGRAMM 1988

Saab 900i

Der Saab 900 i wird von einem 115 PS (110 PS mit Katalysator) Einspritz-Motor angetrieben. Das mechanisch kontrollierte Einspritzsystem ist der Grund, warum dieser Motor trotz seiner hohen Leistung einen geringen Kraftstoffverbrauch hat und immer – ob kalt oder warm – rund läuft. Der Saab 900i präsentiert sich als komfortables Fahrzeug für lange Reisen. Zur serienmäßigen Ausstattung gehören getönte Scheiben rundum sowie eine herunterklappbare Mittelarmlehne für den Rücksitz. Aber Sie können auch aus einem reichhaltigen Angebot an Sonderausrüstung wählen, z.B. Leichtmetallfelgen, elektrische Fensterheber und elektrisch verstellbare Außenspiegel.

SIE KÖNNEN BEIM SAAB 900 i ZWISCHEN EINEM 3- UND 5-TÜRIGEN COMBI COUPÉ SOWIE EINER 2- ODER 4-TÜRIGEN LIMOUSINE WÄHLEN.

SERIENAUSSTATTUNG

5-Gang-Schaltgetriebe. Servolenkung. Selbstreparierende Stoßstangen. Halogenscheinwerfer. Lichtautomatik (Scheinwerfer werden mit der Zündung ausgeschaltet). Rückfahrscheinwerfer. Nebelschlußleuchten. Scheinwerfer-Wisch-Wasch-Anlage. Scheibenwischer mit Intervallfunktion. Mechanisch von innen verstellbare Außenrückspiegel an beiden Seiten (Weitwinkel-Ausführung an der Fahrerseite). Abblendbarer Innenrückspiegel. Getönte Scheiben rundum. Elektrisch beheizte Heckscheibe. Kindersicherung an den hinteren Türen. Elektrisch beheizte Vordersitze mit stufenlos verstellbaren Rückenlehnen. Sitzfläche des Fahrersitzes in Höhe und Neigung verstellbar. In der Höhe verstellbare Nackenstützen vorn. Rücksitz mit Mittelarmlehne. Veloursbezüge. 4 Sicherheitsgurte mit Aufrollautomatik, Hüftgurt für den hinteren Mittelplatz. Mittelkonsole vorn. Drehzahlmesser. Formgepreßter, isolierender Fahrzeughimmel. Innenraumfilter. Abschließbares, beleuchtetes Handschuhfach. Kofferraumbeleuchtung.

AB WERK INSTALLIERTE SONDERAUSRÜSTUNG

Katalytische Abgasreinigung. Automatik-Getriebe. Leichtmetallfelgen. Stahlschiebedach. Zentralverriegelung. Elektrische Fensterheber. Elektrische, von innen verstellbare Außenspiegel. Metallic-Lackierung.

Der Innenraum des 4-türigen Saab 900i.

Die 4-türige Saab 900i Limousine. Extra: Schiebedach und Metallic-Lackierung.

29

Saab 900 Turbo und 900i in einem Prospekt von 1987, Modelljahr 1988.

Qualität als grundsätzliches Konzept.

Wir bei Saab verstehen unter Qualität wesentlich mehr als einen gewissen Standard in Details, der sich durch eine Aneinanderreihung verschiedener Kontrollvorgänge erzielen läßt. Die Qualität eines Saab steckt vielmehr in seinem Grundkonzept, welches seinen Ausdruck im gesamten Fahrzeug findet und dem Besitzer die bestmöglichen Eigenschaften in Bezug auf Fahreigenschaften, Flexibilität und Sicherheit bietet. Und über dies hinaus muß das Automobil seine Zuverlässigkeit über viele Jahre hinweg garantieren.

Deshalb ist die Qualität bei Saab in jedem einzelnen Mitarbeiter verankert. Sie umschließt den gesamten Produktionsprozeß – beginnend bei der Gestaltung und der Auswahl von Materialien, Zulieferern und Produktionsmethoden über den eigentlichen Produktionsprozeß bis hin zu Auslieferung und Service.

Lange Lebensdauer
Die Grundlagen der Lebensdauer werden bereits in der frühesten Designphase gelegt. Beispielsweise hat die Karosserie große, glatte Oberflächen ohne scharfe Ecken erhalten und die wenigen unvermeidlichen Schweißnähte befinden sich weit oben, wo sie gut vor Feuchtigkeit geschützt sind. Die Türschwellen sind nach innen belüftet und die Türen selbst mit Abflußlöchern versehen. An der Unterseite der Karosserie gibt es so gut wie keine Vertiefungen, in denen Schmutz und Feuchtigkeit zur Rostbildung führen könnten.

Roboter und Menschen arbeiten Hand in Hand
Der Einsatz von Robotern für Schweißarbeiten garantiert eine gleichmäßig hohe Präzision beim Zusammenbau der Karosserie. Aber natürlich besteht ein großer Teil in der Produktion eines Saab 900 aus menschlicher Arbeitskraft.

Straßenprüfung
Alle Automobile absolvieren ein spezielles Testprogramm auf der Straße. Einige fertige Modelle werden nach dem Zufallsprinzip ausgewählt und für weitergehende Prüfungen auf eine Teststrecke geschickt.

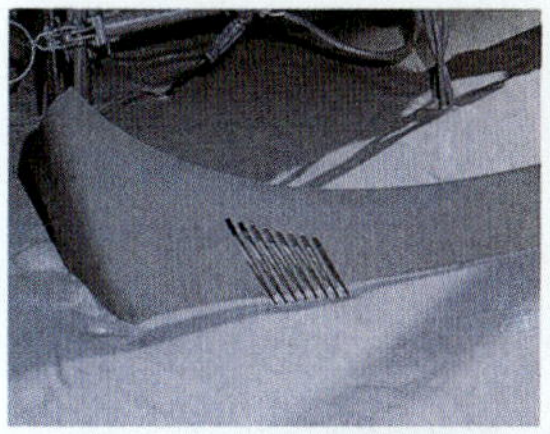

Rostschutz
Der von Saab entwickelte, äußerst exakte Lakkierungsprozeß schützt den Lack hervorragend vor Korrosion. Nach der Montage durchläuft jedes Fahrzeug ein computergesteuertes Rostschutz-Programm.

Qualität bis ins kleinste Detail
Ob winzig klein oder groß – alle Komponenten zeichnen sich durch höchste Qualität aus, die auch noch nach vielen Jahren und tausenden von Kilometern unverändert sein wird. Sorgfältige Auswahl von Materialien und qualifizierte Mitarbeiter sind hier die entscheidenden Faktoren der Qualitätssicherung.

Geräuscharmer Innenraum
Störende Geräuschquellen werden im Akustik-Labor lokalisiert und eliminiert. Materialien von geringer Dichte mit besonders vorteilhaften Dämpfungseigenschaften werden zur Isolierung des Bodens, der Radkästen, der Türen und des Daches verwendet. Jeweils verschiedene Materialschichten werden für die Isolierung von Motor, Getriebe, Fahrwerk etc. benutzt. Die Ausfüllung von Hohlräumen mit porösen Absorptionsmaterialien vermindert störende Resonanzen.

Auslieferung und Service
Bevor ein Fahrzeug dem Kunden übergeben wird, unterzieht es der Saab-Händler einer eingehenden Inspektion. Das letzte Glied einer lückenlosen Qualitätskette ist ein Netz von Service-Werkstätten mit gut ausgebildetem Personal, allen notwendigen Spezialwerkzeugen und einem gut sortierten Ersatzteillager.

Qualität war immer ein Schwerpunkt der »saabischen« Automobilproduktion.

seine Modelle jetzt serienmäßig mit Katalysator aus.

1988

Die Turbolader in den 900er-Motoren erhielten von nun an eine Wasserkühlung, um Zuverlässigkeit und Lebensdauer noch weiter zu erhöhen.

Alle 900er erhielten jetzt die Bremsanlage aus dem Saab 9000, die unter anderem mit innenbelüfteten Scheibenbremsen vorn eine nochmals verbesserte Bremsleistung erzielte. Die Handbremse wirkte jetzt auf die Hinterräder.

Das 900 Cabrio wurde bei Saab-Valmet in Nystad, Finnland, gebaut. 20 Exemplare verließen täglich das Werk.

1989

Jetzt bekam auch das Basismodell Saab 900 den Zweiliter-Einspritzer mit vier

Im Einklang

Fahrvergnügen kann nur in einem Fahrzeug entstehen, das sich im Einklang mit seinem Fahrer befindet.

Für das Gelingen der Kommunikation zwischen dem Fahrer und seinem Saab sorgen das perfekt konstruierte Fahrwerk und der optimal gestaltete Fahrerplatz. Durch den Sitz, das Lenkrad und die Pedale erhält der Fahrer ständig klare und verläßliche Informationen über kleinste Veränderungen des Fahrzustandes. Diese Informationen bestimmen das Verhalten des Fahrers und lassen ihn frühzeitig und vor allem besonnen reagieren.

Bei anderen Fahrzeugen dieser Größenordnung kommt es oft zu unerwünschten und ermüdenden Seitenbewegungen. Das Fahrwerk des Saab macht mit alldem Schluß. Der Fahrer kann sich voll auf die Fahrt konzentrieren und fühlt sich selbst nach einer langen Reise körperlich und seelisch wohl.

»Auf langen Strecken zu Hause« war ein Prospekt des Jahres 1989 überschrieben, der den Fahrer eines 900 Turbo 16 S im Einklang mit seinem Fahrzeug sah.

Ventilen pro Zylinder – und mit Katalysator. Damit waren die 900er mit Vergaser-Motoren, aber auch die 8-Ventil-Turbos – abgesehen allenfalls von einigen wenigen, unbedeutenden Nebenmärkten – weltweit aus dem Saab-Programm genommen worden.

Zwingend vorgeschrieben für die USA, führte Saab weltweit auf allen Märkten, auf denen es nicht ausdrücklich untersagt war, die höhergelegte dritte Bremsleuchte ein. Bessere Sichtbarkeit und damit einmal mehr größere Sicherheit waren der Grund. Als aufpreispflichtiges Extra war jetzt für alle 900er eine »ABS + 3« genannte Antischlupfregelung erhältlich, der Turbo hatte sie serienmäßig an Bord.

Im Jahr 1989 rollte das 10.000ste Saab Cabrio vom Band.

Saab 900 Turbo 16S

Das sportlichste Modell aus der 900er-Serie. Es verbindet die Saab-typischen Vorzüge in Handling, Straßenlage, Sicherheit und Ladekapazität, die jeden Saab 900 ideal für lange Reisen machen, mit sportlicher Fahrwerkskonstruktion und hoher Leistung.

Die Sitze sind so konstruiert, daß sie Rücken und Oberschenkel wirkungsvoll stützen. Das Material der Leder- oder Stoffpolsterung ist von höchster Qualität.

Saab 900 Turbo 16 Cabriolet

Das Saab 900 Cabriolet ist der Inbegriff offenen Fahrvergnügens. Es ist eines der wenigen europäischen Cabriolets, die serienmäßig mit elektrisch bedienbarem Verdeck und beheizbarer Glas-Heckscheibe ausgerüstet sind.

Diese Abbildung zeigt ein Turbo-Cabriolet, daß zusätzlich mit Airflow-Satz und 3-Speichen-Leichtmetallfelgen ausgerüstet wurde.

Saab 900i 2.1-16
Saab 900i 16

Der Saab 900i 16 repräsentiert vorbildlich die Saab-eigene Verbindung von Leistung, vernünftiger Technologie und Komfort. Ein ausgereiftes Automobil mit wirtschaftlicher Motortechnik, optimaler Gewichtsverteilung und gutmütigen Fahreigenschaften.

Der Saab 900

Unter seinen Anhängern genießt er höchstes Ansehen: der Saab 900. Ein Automobil, das durch sein individuelles Profil aus der Masse herausragt. Denn sein Styling zielt nicht auf den breiten Geschmack. Es ist vielmehr das Ergebnis der Saab-typischen Design-Philosophie, nach der sich die Form eines Automobils nach der Funktion richten muß. Der Saab 900: Seine Persönlichkeit ist das Ergebnis einer gelungenen Verbindung von ausgereifter Technologie und hohem Komfort. Zur serienmäßigen Ausstattung gehören unter anderem beheizte Vordersitze, Servolenkung, Innenraum-Luftfilter, getönte Scheiben und Scheinwerfer-Wisch-Wasch-Anlage.

Den Saab 900 gibt es mit 16-Ventil-Einspritzmotor, wahlweise mit 2,0 oder 2,1 Litern Hubraum, oder mit 16-Ventil-Turbomotor mit 2,0 Litern Hubraum. Im Hinblick auf die Karosserie haben Sie die Wahl zwischen 3-, 4- oder 5türigen Modellen.

Das Saab 900 Cabriolet ist eine der schönsten Arten, offen zu fahren. Denn es verbindet die Fahrkultur eines Saab 900 mit seiner individuellen Ästhetik.

20

21

Der Saab 900 in einem Prospekt von 1991.

1990

Kaum waren die 8-Ventil-Turbos mehr oder weniger vom Markt genommen worden, verpassten die Schweden dem Zweiliter-Motor einen neuen Turbolader, eine Art »Soft-Turbo«. Der Niederdruck-Turbolader (Low Pressure Turbo, LPT) war weniger darauf ausgelegt, dem Motor Höchstleistung zu entlocken, als vielmehr darauf, im Alltagsbetrieb für mehr Durchzug zu sorgen. Und das war Saab offensichtlich sehr gut gelungen: Eingebaut im neuen Modell Saab 900 S entwickelte der LPT-Motor 141 PS, doch bei Tempo 90 im fünften Gang war die abgegebene Leistung von 58 PS beim Einspritzer auf jetzt 69 PS angestiegen, ein Zuwachs von beachtlichen 19 Prozent, und bei 105 km/h im gleichen Gang leistete der Motor jetzt 86 PS gegenüber 72 PS beim Einspritzer, ein Plus von 20 Prozent.

Der Tank wurde für alle 900er von 63 auf 68 Liter Fassungsvermögen vergrößert.

Es wurde jetzt nur noch eine Nebelschlussleuchte an den Fahrzeugen montiert, um die Gefahr einer Verwechslung mit den Bremsleuchten möglichst auszuschließen.

Der gesamte Pkw-Bereich wurde im Jahr 1990 wieder aus dem Verbund der Saab Scania Gruppe herausgelöst, es entstand die Saab Automobile AB. Ebenfalls in diesem Jahr kaufte General Motors 50 Prozent der Saab-Anteile.

1991

Mit diesem Baujahr verschwanden nun endgültig alle Saab-Modelle mit zwei Ventilen pro Zylinder aus dem Programm. Ob Saab 900 oder Saab 9000: Alle angebotenen Motoren besaßen jetzt vier Zylinder und insgesamt 16 Ventile.

Auf einigen Märkten wurde ein 2,1-Liter-Vierzylinder mit elektronischer Benzineinspritzung angeboten, der 140 PS leistete.

Mit dem Saab 900 Turbo 16 S Cabriolet (auf einigen Märkten wiederum unter der Bezeichnung »Aero« angeboten) präsentierte Saab ein völlig neues Modell. Das »normale« Turbo-Cabrio erhielt jetzt Spoiler und Felgen vom dreitürigen Turbo 16 S (»Aero«). Eine dritte Cabrio-Variante des 900ers war mit dem 128 PS leistenden Einspritzer ausgestattet.

Der Saab 900 erhielt in diesem

»Von der Luftfahrt inspiriert« war der Titel dieses Prospekts aus Jahr 1992, in dem die »beeindruckende Individualität« des Saab 900 hervorgehoben wurde.

Modelljahr die Vordersitze des Saab 9000, auf Wunsch war der Fahrersitz elektrisch verstellbar. Saab 9000 und Saab 900 erhielten ein neues, weitaus leistungsfähigeres Luftfiltersystem.

In den Modellen mit dreitüriger Karosserie wurden die Befestigungspunkte für die hinteren Sicherheitsgurte um gut fünf Zentimeter höher platziert. Dadurch erhöhte sich nicht nur der Komfort für die Fond-Passagiere, es verminderte auch deutlich die Gefahr, bei einer Kollision unter dem Gurt durchzurutschen.

Die Scheinwerfer-Waschanlage war nochmals verbessert worden, sie reinigte jetzt eine um zehnt Prozent größere Fläche der Frontscheinwerfer.

1992

In den USA, den skandinavischen und ebenso in den anderen europäischen Ländern gab es ABS jetzt serienmäßig in allen Saab 900, wie überhaupt die Grundausstattung für alle 900er-Modelle umfangreicher geworden war. Als Option gab es jetzt auch einen Airbag.

Der 2,1-Liter-Motor, den Saab im Vorjahr präsentiert hatte, war in den skandinavischen Ländern jetzt im 900er erhältlich. In Deutschland wurde er als »Eco-Power-Motor« mit 141 PS angeboten.

Der »Soft-Turbo« 900 S rollte jetzt auf Aluminiumfelgen aus dem Werk.

In diesem Jahr wurde das 40.000ste Saab Cabrio gebaut, vom Saab 900 Cabrio wurden in diesem Jahr allein 10.000 Exemplare gefertigt.

Vertrauenerweckend

Übersichtliche Instrumententafel mit gut ablesbaren Instrumenten. Die normalerweise abgedunkelten Warn- und Kontrolleuchten sind erst dann zu sehen, wenn sie in Funktion sind. Das Armaturenbrett ist ergonomisch geformt, und alle Bedienungselemente sind in logischen Gruppen angeordnet.

Jeder Saab ist für skandinavisches Klima entwickelt und gebaut: Dunkelheit, Schnee und vereiste Straßen während mehrerer Monate im Jahr.

Selbst schlechteste Straßen- und Witterungsverhältnisse sind für einen Saab kein Problem. Immerhin ist dieses Automobil in Schweden entwickelt worden, wo bereits die natürlichen Wetterverhältnisse den Saab-Konstrukteuren harte Teststrecken liefern. Die daraus resultierenden Lösungen werden Sie beeindrucken, sobald Sie hinter dem Lenkrad sitzen.

Vorderradantrieb, das Saab ABS+3-Antiblockiersystem, eine günstige Gewichtsverteilung, die Abstimmung der Federung und eine perfekte Fahrwerksgeometrie sind nur einige der Faktoren, die in ihrem Zusammenwirken für das außergewöhnlich sichere Fahrverhalten eines Saab sorgen. Und das ist die beste Voraussetzung, daß Sie auch in kritischen Situationen Ihrem Saab voll vertrauen können.

8 9

»Vertrauenerweckend« wie in diesem Prospekt von 1992 wirkte ein Saab 900 und zumal dessen Cockpit durchaus.

1993

In diesem Jahr endete die Produktion des heute als Klassiker geltenden Saab 900 der ersten Generation. Das letzte Exemplar, ein roter 900 Aero, verließ am 26. März die Werkshallen und rollte von dort aus direkt ins Saab-Museum in Trollhättan. Die Modellpalette umfasste im letzte Jahr Drei-, Vier- und Fünftürer mit 128 bis 175 PS, zur Verfügung gestellt von Zweiliter-Motoren mit Einspritzung, Turbolader oder »Softturbo« beziehungsweise von einem 2,1-Liter-Einspritzer. In Norwegen wurde der Saab 900 zum »vernünftigsten« Auto des Jahres gewählt – gewiss eine erhebliche Beruhigung für alle, die sich aus purer Begeisterung für einen Saab entschieden hatten.

Der Saab 900 der ersten Generation war insgesamt mehr als 900.000 Mal gebaut worden, davon nahezu 50.000 Mal als Cabriolet. Er war damit das bis dato erfolgreichste Modell des schwedischen Automobilherstellers.

Aber die Geschichte des Saab 900 war noch nicht beendet. 1993 wurde in Trollhättan ein komplett neu entwickelter Saab 900 vorgestellt, der erste Saab, der unter der Regie von General Motors entstanden war.

Der Saab 90
1985–1997

Der Saab 90, der ab 1985 angeboten wurde, war im Kern seines Wesens nichts anderes als ein Saab 99, der das Heck des neuen, kurz zuvor erschienenen Modells Saab 900 bekommen hatte. Das verhalf ihm immerhin zu einem großzügigeren Raumangebot für die Fondpassagiere und zu einem größeren Kofferraumvolumen. Beim Saab 90 handelte es sich also streng genommen gar nicht um ein neues Modell, sondern lediglich um eine neue Typenbezeichnung für ein bewährtes und erfolgreiches Automobil. Der Grund für die Umbenennung lag auf der Hand: Ein »Saab 90« passte neben dem Saab 900 und dem Saab 9000 wesentlich besser in die Modellpalette als ein »Saab 99«. Angetrieben wurde der Saab 90 von einem 100 PS starken Reihenvierzylinder mit 1985 cm³ Hubraum. Es gab ihn mit Viergang- und mit Fünfgang-Getriebe, beide manuell zu schalten. Das Leergewicht der ausschließlich zweitürig lieferbaren Limousine betrug fahrfertig 1070 kg, und selbstverständlich verfügte der Fünfsitzer auch mit der neuen Bezeichnung wieder über Vorderradantrieb.

Ansonsten gab es kaum Änderungen gegenüber dem »Vorgänger« Saab 99 des Modelljahrs 1984, die Unterschiede beruhten wohl eher auf der bislang schon so erfolgreich betriebenen Politik der stetigen Verbesserungen. So waren beim Saab 90 des Modelljahrs 1985 die Uhr, beheizbare Vordersitze und von innen einstellbare Außenspiegel Bestandteil der serienmäßigen Ausstattung geworden, außerdem hatte Saab dem 90 neue Felgen spendiert. Die Modelle mit Fünfgang-Getriebe waren äußerlich an einem Frontspoiler zu erkennen. Ein ab Werk eingebautes Schiebedach war für den Saab 90 gegen Aufpreis erhältlich.

VON MODELLJAHR ZU MODELLJAHR

1986

Von diesem Modelljahr an erhielten alle Saab 90 zusätzliche Blinkleuchten, die seitlich am hinteren Ende des vorderen Kotflügels angebracht waren.

1987

In seinem letzten Modelljahr erhielt der Saab 90 allenfalls noch kosmetische Retuschen, die vielleicht noch gravierendste Änderung war das Fünfgang-Getriebe als Serienausstattung, das Viergang-Getriebe war jetzt nur noch auf Wunsch erhältlich. Nimmt man den Saab 90 als das, was er eigentlich war, nämlich als einen Saab 99 unter anderem Namen, dann konnte Saab nach nunmehr 19 Jahren Bauzeit stolz darauf sein, Schwedens bis dato meistverkauftes Automobil mit Frontantrieb entwickelt und hergestellt zu haben.

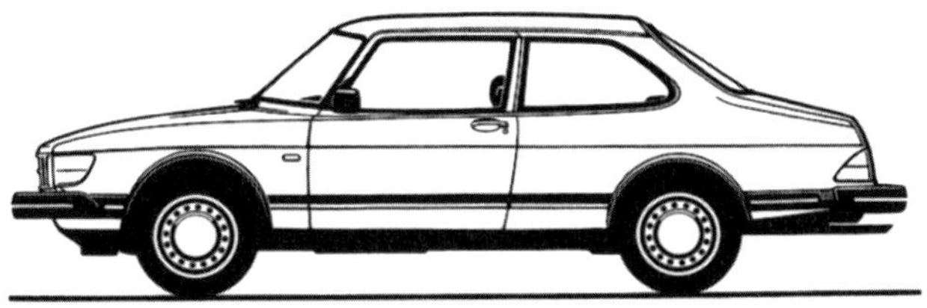

SAAB 90

2-türig

Technische Daten

Getriebe: 5-Gang

Hubraum: 1971 cm³

Stahlfelgen: 5½ J x 15

Reifengröße: 175/70 R 1586 T

Tankinhalt: 63 l

Kofferraumvolumen:
Normal: 617 dm³
Erweitert: 1.500 dm³

KW/PS:	74/100
Drehmoment bei Drehzahl:	162 Nm (16,5 kpm) bei 3500 U/min.
Höchstgeschwindigkeit:	165 km/h
Beschleunigung von 0 – 100 km/h in sec.:	14,0
Verbrauch:	Nach DIN 70030 auf 100 km Superkraftstoff
Bei 90 km/h	7,0 l
Bei 120 km/h	9,9 l
Im Stadtzyklus	13,0 l
Gesamtpreis	DM **24.800,–**

Zusatzausstattung:

Metallic-Lackierung DM 980,–

Man. Schiebedach DM 1.200,–

Saab 90 in einer Preisliste des Modelljahrs 1987, gültig ab 5. Januar 1987.

SAAB 90

SAAB
90

Der Saab 90 wird angetrieben von der Vergaser-Version des erprobten und sparsamen 2-liter-Aggregats. Dieser Motor bildet die Basis des gesamten Saab-Motor-Konzepts. Er ist verläßlich und wartungsarm. Darüberhinaus sind alle Wartungspunkte gut zugänglich. Das vereinfacht die Arbeit des Mechanikers und senkt die Kosten.

Der Motor des Saab 90 ist bereits aus niedrigen Drehzahlen elastisch und spritzig im oberen Bereich. Er leistet 100 PS (73 kW) und wird serienmäßig mit einem 5-Gang-Getriebe geliefert.

Auch der Fahrerplatz des Saab 90 ist Saab-typisch gestaltet. Er ist abgestimmt auf die natürlichen Bewegungsabläufe und Fähigkeiten eines Fahrers. Schalter und Instrumente sind genau da plaziert, wo man sie erwartet. Sie sind leicht abzulesen und ihre Funktion ist eindeutig. So machen der logisch eingerichtete Fahrerplatz und die guten Fahreigenschaften den Saab zu einem Automobil, mit dem es Spaß macht zu fahren.

Die guten Sichtverhältnisse und die farblich abgestimmten, hochwertigen Materialien und Polster tragen zu dem geräumigen, lichten Eindruck im Innenraum bei.

Darüberhinaus hat der Saab 90 fraglos einen der größten Kofferräume in seiner Klasse, der außerdem bei Bedarf noch erweitert werden kann. Die Rücksitzbank kann dazu schnell und einfach umgelegt werden. So entsteht eine „Ladefläche" von 175 cm Länge, die völlig eben ist, mit einem Volumen von 1500 Litern.

SAAB 90

Saab 90 in einem Faltprospekt von 1985.

SAAB 90

2-türig

Servolenkung
Automatik
Gasdruck-stoßdämpfer
Frontspoiler
Heckspoiler
Leichtmetallfelgen
Niederquerschnitt-reifen
2 Außenspiegel
Weitwinkel-Ausführ. Fahrerseite
manuell, von innen verstellbar
Zentral-verriegelung
elektrische Antenne
Aufklappbare hintere Seitenfenster
getönte Scheiben
Nackenstützen hinten
Herausklappbare Mittelarml. hinten
Elektrisch beheizter Beifahrersitz
Mittelkonsole vorn
Drehzahlmesser
Katalysator-Beipack
Lautsprecher vorn
man. Schiebedach
elektr. Schiebedach
Klimaanlage
Metallic-Lackierung
S-Paket
Luxus-Paket
Velourbezüge
Velourbezüge „Kontur"
Lederpolster „Kontur"

Serienmäßige Ausstattung bei allen SAAB-Modellen:

Scheibenbremsen vorn und hinten
asbestfreie Bremsbeläge

„selbstreparierende" Stoßstangen

seitlicher Aufprallschutz

Sicherheits-Lenksäule

4 Sicherheitsgurte mit Aufrollautomatik, Hüftgurt für hinteren Mittelplatz

höhenverstellbare Nackenstützen, vorn

elektrisch beheizter Fahrersitz in Höhe und Neigung verstellbar

variabler Laderaum (umklappbare Rücksitzbank)

Halogen-Scheinwerfer

Wisch-Wasch-Anlage für die Scheinwerfer

2 Nebelschlußleuchten

Lichtautomatik (Scheinwerfer werden mit dem Zündschlüssel abgeschaltet)

2 von innen verstellbare Außenspiegel

Verbundglas-Windschutzscheibe

Intervallscheibenwischer

beheizbare Heckscheibe

kontaktlose Zündanlage

Quarzuhr

Tageskilometerzähler

Innenraumluftfilter (nicht bei Klimaanlage, nicht bei Saab 90)

Technische Daten

Getriebe: 5-Gang

Hubraum: 1971 cm^3

kW/PS: 74/100

Drehmoment bei Drehzahl:
162 Nm (16,5 kpm)/3500 U/min

Höchstgeschwindigkeit: 165 km/h

Beschleunigung von
0 – 100 km/h in sec.: 14,0

Kofferraumvolumen:
normal: 617 dm^3
erweitert: 1500 dm^3

Felgengröße: 5 ½ J × 15

Reifengröße: 175/70 R 15 86 T

Verbrauch Superkraftstoff
nach DIN 70 030 auf 100 km

bei 90 km/h: 6,3 l
bei 120 km/h: 9,7 l
im Stadtzyklus: 12,5 l

Tankinhalt in l: 63

	Servolenkung
	Automatik
	Gasdruck-stoßdämpfer
●	Frontspoiler
	Heckspoiler
	Leichtmetallfelgen
●	Niederquerschnitt-reifen
●	2 Außenspiegel
	Weitwinkel-Ausführ. Fahrerseite
●	manuell, von innen verstellbar
	Zentral-verriegelung
	elektrische Antenne
	Aufklappbare hintere Seitenfenster
	getönte Scheiben
	Nackenstützen hinten
	Herausklappbare Mittelarml. hinten
	Elektrisch beheizter Beifahrersitz
	Mittelkonsole vorn
●	Drehzahlmesser
	Katalysator-Beipack
	Lautsprecher vorn
1.175,–	man. Schiebedach
	elektr. Schiebedach
	Klimaanlage
950,–	Metallic-Lackierung
	S-Paket
	Luxus-Paket
●	Velourbezüge
	Velourbezüge „Kontur"
	Lederpolster „Kontur"

**Unverbindliche Preisempfehlung der Saab Deutschland GmbH in DM incl. Mehrwertsteuer ab Importeurlager
Alle bisher erschienenen Preislisten verlieren hiermit ihre Gültigkeit
Änderungen vorbehalten**

2-türig
DM 22.450,–**

Serienausstattungs- und Preisliste mit Gültigkeit ab 19. August 1985 ...

... und mit Gültigkeit ab 1. August 1986.

Serienmäßige Ausstattung

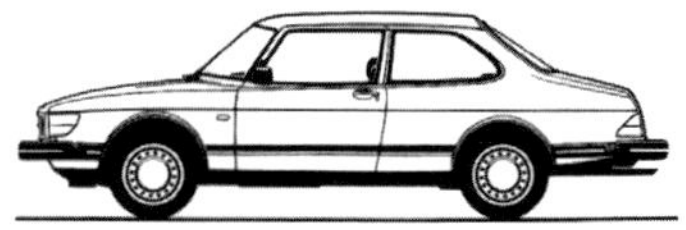

	SAAB 90	SAAB 900 i	SAAB 900 turbo	SAAB 900 turbo 16	SAAB 900 turbo „S"	SAAB 900 Cabriolet
Scheibenbremsen vorn und hinten	•	•	•	•	•	•
Asbestfreie Bremsbeläge	•	•	•	•	•	•
„Selbstreparierende" Stoßstangen	•	•	•	•	•	•
Seitlicher Flankenschutz	•	•	•	•	•	•
Sicherheits-Lenksäule	•	•	•	•	•	•
4 Sicherheitsgurte mit Aufroll-automatik	•	•	•	•	•	•
Hüftgurt für hinteren Mittelplatz	•	•	•	•	•	
Höhenverstellbare Nackenstützen, vorn	•	•	•	•	•	•
Nackenstützen, hinten			•	•	•	•
Elektr. beheizter Fahrersitz (in Höhe und Neigung verstellbar)	•	•	•	•	•	•
Elektr. beheizter Beifahrersitz	•	•	•	•	•	•
Variabler Laderaum (umklappbare Rücksitzbank)	•	•	•	•	•	
Halogen-Scheinwerfer	•	•	•	•	•	•
Schweinwerfer Wisch-Wasch-Anlage	•	•	•	•	•	•
2 Nebelschlußleuchten	•	•	•	•	•	•
2 von innen verstellbare Außenspiegel	•	•	•	•		
Elektr. Fensterheber/ 2 elektr. Außenspiegel					•	•
Verbundglas-Windschutzscheibe	•	•	•	•	•	•
Intervallscheibenwischer	•	•	•	•	•	•
Beheizbare Heckscheibe	•	•	•	•	•	•
Kontaktlose Zündanlage	•	•	•	•	•	•
Innenraumluftfilter (nicht bei Klimaanlage)		•	•	•	•	•
Frontspoiler	•		•	•	•	•
Heckspoiler			•	•	•	•
Servolenkung		•	•	•	•	•
Gasdruckstoßdämpfer		•	•	•	•	•
Getönte Scheiben			•	•	•	•
Drehzahlmesser	•	•	•	•	•	•
Mittelarmlehne hinten		•	•	•	•	•
Lederpolster „Kontur"						•
Geschwindigkeitsregelanlage					•	•
Zentralverriegelung			•	•	•	•
Alufelgen			•	•	•	•

SAAB 90

2-türig

Technische Daten

Getriebe: 5-Gang

Hubraum: 1971 cm^3

Stahlfelgen: $5^1/_2$ J x 15

Reifengröße: 175/70 R 1586 T

Tankinhalt: 63 l

Kofferraumvolumen:
Normal: 617 dm^3
Erweitert: 1.500 dm^3

KW/PS:	74/100
Drehmoment bei Drehzahl:	162 Nm (16,5 kpm) bei 3500 U/min.
Höchst-geschwindigkeit:	165 km/h
Beschleunigung von 0 – 100 km/h in sec.:	14,0
Verbrauch:	Nach DIN 70030 auf 100 km Superkraftstoff
Bei 90 km/h	7,0 l
Bei 120 km/h	9,9 l
Im Stadtzyklus	13,0 l
Gesamtpreis	DM **24.400,–**

Zusatzausstattung:

Metallic-Lackierung	DM 980,–
Man. Schiebedach	DM 1.200,–

Alle angegebenen Preise sind unverbindliche Preisempfehlungen der SAAB Deutschland GmbH in DM inkl. MWSt. ab Importeurlager.

MOTOR

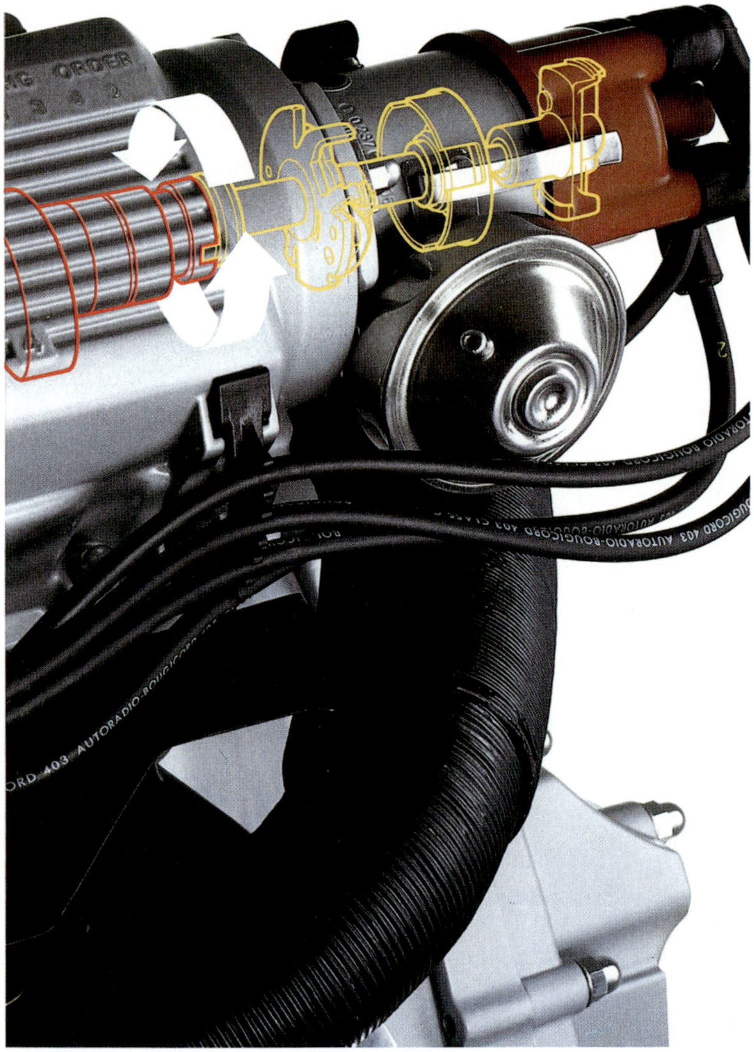

14

SAAB 90

Der Saab 90 wird von einem Zweiliter-Vergasermotor angetrieben. Dieses Triebwerk hat eine robuste, klare Basiskonstruktion – mit nur wenigen beweglichen Teilen. Das trägt zu guter Wirtschaftlichkeit und langer Lebensdauer bei.

Um die innere Reibung des Motors zu verringern, wird der Zündverteiler direkt durch die Nockenwelle und nicht über eine separate Antriebswelle angetrieben. Die kontaktlose, elektronische Zündung sorgt für eine immer konstant optimale Zündeinstellung.

Der Motor zeichnet sich durch ein hohes Drehmoment in einem breiten Drehzahlbereich aus. So kann auch bei niedrigerem Tempo in einem hohen Gang gefahren werden. Das spart Kraftstoff. Um die wirtschaftliche Fahrweise noch weiter zu begünstigen, haben alle Saab 90-Modelle auch einen Drehzahlmesser mit integrierter Ökonomie-Anzeige.

Der Saab 90 läßt sich auch sportlich fahren, da die Ventile direkt von der Nockenwelle beeinflußt werden, und der Motor kurzhubig arbeitet.

Motor
Der Zweiliter-Motor im Saab 90 leistet 73 kW/100 PS DIN (72 kW/98 PS ECE). Er hat eine obenliegende Nockenwelle und ist mit einer kontaktlosen, elektronischen Zündanlage ausgerüstet.

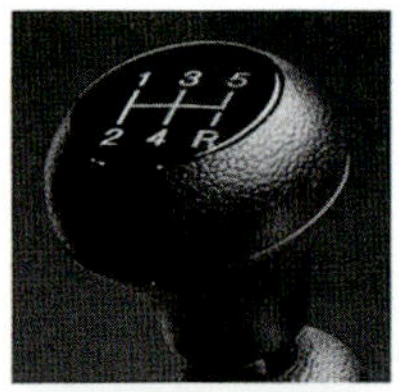

Schaltgetriebe
Ein 5-Gang-Schaltgetriebe ist serienmäßig.

Drehzahlmesser
Der Ökonomie-Drehzahlmesser ist serienmäßig im Saab 90.

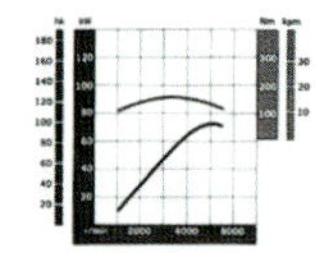

Gleichmäßiges Drehmoment
Der Zweiliter-Motor von Saab hat ein hohes Drehmoment in einem breiten Drehzahlbereich. Das bedeutet gute Elastizität in allen Gängen. Und damit also kein lästiges, häufiges Schalten.

DIE ROBUSTE MOTORKONSTRUKTION TRÄGT ZUM SICHEREN FAHRGEFÜHL BEI. SIE HABEN GENÜGEND KRAFTRESERVEN ZUM ÜBERHOLEN. UND GENÜGEND ZUGKRAFT AUCH BEI NIEDRIGER DREHZAHL. SIE MÜSSEN ALSO WENIGER SCHALTEN. DAS IST NICHT NUR BEQUEMER, ES TRÄGT AUCH ZUM GERINGEN KRAFTSTOFFVERBRAUCH BEI.

15

Der Motor des Saab 90 in einem Prospekt von 1985.

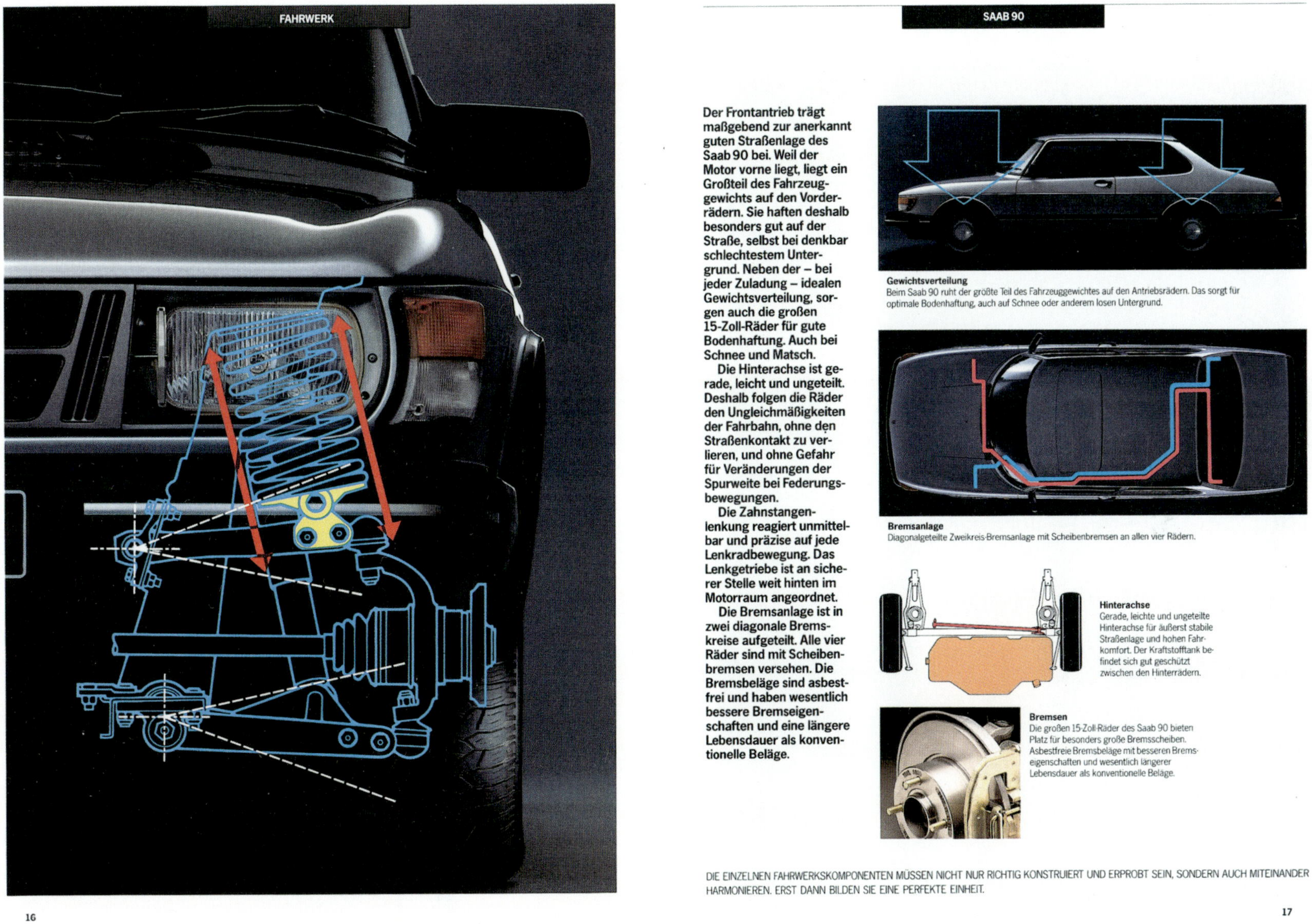
FAHRWERK

16

SAAB 90

Der Frontantrieb trägt maßgebend zur anerkannt guten Straßenlage des Saab 90 bei. Weil der Motor vorne liegt, liegt ein Großteil des Fahrzeuggewichts auf den Vorderrädern. Sie haften deshalb besonders gut auf der Straße, selbst bei denkbar schlechtestem Untergrund. Neben der – bei jeder Zuladung – idealen Gewichtsverteilung, sorgen auch die großen 15-Zoll-Räder für gute Bodenhaftung. Auch bei Schnee und Matsch.

Die Hinterachse ist gerade, leicht und ungeteilt. Deshalb folgen die Räder den Ungleichmäßigkeiten der Fahrbahn, ohne den Straßenkontakt zu verlieren, und ohne Gefahr für Veränderungen der Spurweite bei Federungsbewegungen.

Die Zahnstangenlenkung reagiert unmittelbar und präzise auf jede Lenkradbewegung. Das Lenkgetriebe ist an sicherer Stelle weit hinten im Motorraum angeordnet.

Die Bremsanlage ist in zwei diagonale Bremskreise aufgeteilt. Alle vier Räder sind mit Scheibenbremsen versehen. Die Bremsbeläge sind asbestfrei und haben wesentlich bessere Bremseigenschaften und eine längere Lebensdauer als konventionelle Beläge.

Gewichtsverteilung
Beim Saab 90 ruht der größte Teil des Fahrzeuggewichtes auf den Antriebsrädern. Das sorgt für optimale Bodenhaftung, auch auf Schnee oder anderem losen Untergrund.

Bremsanlage
Diagonalgeteilte Zweikreis-Bremsanlage mit Scheibenbremsen an allen vier Rädern.

Hinterachse
Gerade, leichte und ungeteilte Hinterachse für äußerst stabile Straßenlage und hohen Fahrkomfort. Der Kraftstofftank befindet sich gut geschützt zwischen den Hinterrädern.

Bremsen
Die großen 15-Zoll-Räder des Saab 90 bieten Platz für besonders große Bremsscheiben. Asbestfreie Bremsbeläge mit besseren Bremseigenschaften und wesentlich längerer Lebensdauer als konventionelle Beläge.

DIE EINZELNEN FAHRWERKSKOMPONENTEN MÜSSEN NICHT NUR RICHTIG KONSTRUIERT UND ERPROBT SEIN, SONDERN AUCH MITEINANDER HARMONIEREN. ERST DANN BILDEN SIE EINE PERFEKTE EINHEIT.

17

Darstellung des Fahrwerks im gleichen Prospekt.

LÜFTUNG/FAHRERKOMFORT

SAAB 90

Das Heizungs- und Lüftungssystem im Saab 90 wurde im Hinblick auf das rauhe nordische Klima konstruiert und hat daher Überkapazität. Das leistungsstarke Gebläse sorgt für schnellen Luftwechsel im Innenraum und hält die Scheiben eis- und beschlagfrei, und an heißen Sommertagen wird die Wärme schnell aus dem Innenraum abgeführt. Die Drehgriffe des Lüftungssystems sind beleuchtet und lassen sich daher auch bei Dunkelheit einfach einstellen.

Die Instrumente sind rund, groß und leicht ablesbar. Sie haben deutliche weiße Symbole und orangefarbene Zeiger vor mattschwarzem Hintergrund. Sie sind gut im Blickfeld des Fahrers zusammengefaßt. Die am häufigsten verwendeten Hebel sind bequem an der Lenksäule angeordnet. Das gilt für Blinker, Lichthupe, Scheibenwischer und Wisch-Wasch-Anlage von Windschutzscheibe und Scheinwerfern. Die Instrumente und Schalter des Armaturenbrettes sind indirekt mit grünem Farbton beleuchtet – angenehm bei Dunkelheit.

Wirksame Be- und Entlüftung
Warme oder kalte Luft strömt aus zwölf verschiedenen Düsen in den Innenraum. Separate Warmluftkanäle führen zum Fußraum im Fond, und verbrauchte Luft entweicht durch Zwangsentlüftungsschlitze im hinteren Teil der Karosserie. All das gewährleistet eine gute Luftdurchströmung.

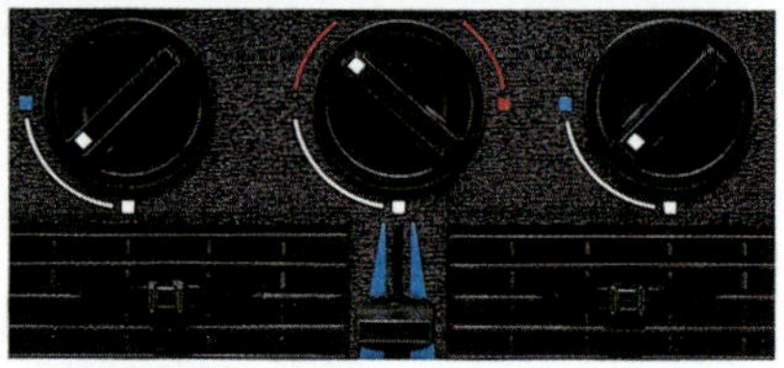

Heizungsbedienung
Die Luftverteilung wird mit beleuchteten Drehgriffen eingestellt – einfach und logisch.

Elektrisch beheizter Fahrersitz
Der Saab-Sitz ist so bequem wie kaum ein anderer Autositz. Die Rückenlehne läßt sich stufenlos nach hinten verstellen, und die Kopfstütze ist in der Höhe einstellbar. Die Sitzfläche des Fahrersitzes kann in Höhe und Neigung verstellt werden. Der Sitz ist außerdem elektrisch beheizt – mit Thermostatregelung!

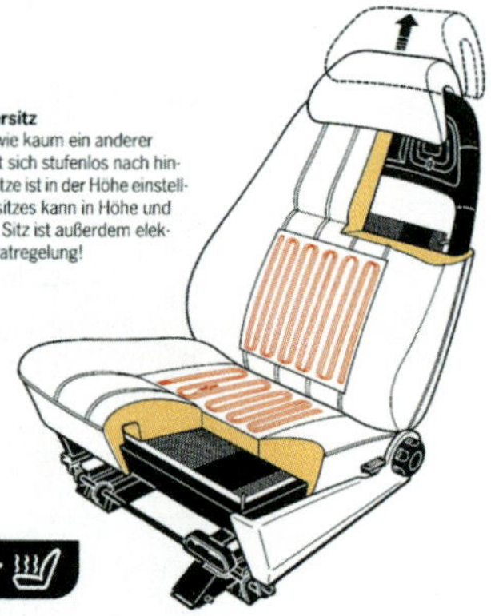

AUT. HEATED SEAT

IN EINEM SAAB 90 HAT MAN UNABHÄNGIG VOM WETTER STETS EIN BEHAGLICHES KLIMA. DER FAHRER HAT EINEN VORBILDLICHEN ARBEITSPLATZ – NICHT ZULETZT DANK DES BEQUEMEN SITZES MIT SEINEN VIELEN EINSTELLMÖGLICHKEITEN.

Lüftung und Fahrerkomfort. Auf die Qualität des Gestühls wird bei Saab besonderer Wert gelegt.

PRAKTISCHE DETAILS

Die vielen durchdachten Details und die reichhaltige Ausrüstung machen den Saab 90 zu einem vielseitigen und kompletten Automobil. Trotz seiner inneren Größe hat der Saab 90 kompakte Außenmaße. Ein Vorteil im dichten Straßenverkehr und auf engen Parkplätzen. Innenraum und Kofferraum sind großzügig bemessen – der Kofferraum läßt sich außerdem bei Bedarf leicht vergrößern.

Die souveräne Ausrüstung des Saab 90 ist das Ergebnis praktischer Überlegungen. Alle Details sind so gewählt, daß sie das Fahren erleichtern bzw. der Wirtschaftlichkeit dienen. Denken Sie nur an die Wisch-Wasch-Anlage für die Scheinwerfer, den elektrisch beheizten Fahrersitz, die kontaktlose Zündanlage und die selbstreparierenden Stoßstangen.

Die großen Rückleuchten sind gewölbt und um die Ecken gezogen. Die eingebauten starken Nebelschlußleuchten erhöhen die Sicherheit bei Nebel und schlechten Sichtverhältnissen.

Im Saab 90 kann der Rücksitz vorgeklappt werden, wobei sich der normale Kofferraum mit 617 Liter Fassungsvermögen in einen ca. 1500 Liter großen Laderaum verwandelt. Der Kofferraum ist in beiden Fällen völlig eben. Bei vorgeklapptem Rücksitz ist die Ladefläche ganze 175 cm lang. Unter der Klappe im Kofferraumboden liegt das Reserverad. Dort gibt es auch einen praktischen Stauraum für Kleinigkeiten und Werkzeuge.

Die seitlichen Blinker an der Rückkante der vorderen Kotflügel sind eine Neuheit in diesem Jahr. Die übrigen Verkehrsteilnehmer können so angezeigte Richtungsänderungen schneller erkennen, beispielsweise bei Fahrspurwechsel.

Die Wisch-Wasch-Anlage für die Scheinwerfer ist nur eine von vielen Innovationen, mit denen Saab die Verkehrssicherheit verbessert hat. Sie wird gleichzeitig mit der Spülung der Scheibenwaschanlage eingeschaltet.

Leichtrollende Breitreifen sind serienmäßig. Ihr niedriger Rollwiderstand trägt zum sparsamen Kraftstoffverbrauch bei und sorgt für gute Bodenhaftung und angenehmen Lauf.

DANK SEINER VIELEN PRAKTISCHEN DETAILS IST DER SAAB 90 EIN PREISWERTES UND VIELSEITIGES AUTOMOBIL. DER SERIENMÄSSIGE AUSRÜSTUNGS- UND QUALITÄTSSTANDARD IST SEHR HOCH. MIT ANDEREN WORTEN: DER SAAB 90 IST EINE INVESTITION, DIE SICH LOHNT.

TECHNISCHE DATEN SAAB 90, 1986

MOTOR

4-Zylinder-Reihenmotor, in Längsrichtung um 45° geneigt. Zylinderblock aus Gußeisen, Zylinderkopf aus Leichtmetall. Hubraum 1985 cm³. Bohrung 90 mm. Hub 78 mm. Verdichtungsverhältnis 9,5:1. Max. Leistung 73 kW/100 PS DIN (72 kW/98 PS ECE) bei 5200/min. Max. Drehmoment 162 Nm/16,5 kpm DIN (ECE) bei 3500/min. Obenliegende Nockenwelle. 5-fach gelagerte Nocken- und Kurbelwelle. Brennraum nach dem Querstromprinzip konstruiert. Horizontalvergaser. Elektrisch angetriebener Thermostatlüfter. Empfohlene Oktanzahl 97 ROZ. Kraftstofftankinhalt 63 Liter.

LEISTUNGSVERMÖGEN

Höchstgeschwindigkeit 165 km/h. Beschleunigung 0–100 km/h 14,0 s.

KRAFTÜBERTRAGUNG

Frontantrieb. Motor, Kupplung, Getriebe und Differential sind zu einer kompakten Einheit zusammengebaut. 5-Gang-Getriebe. Hydraulisch betätigte Einscheiben-Trockenkupplung. Die Übersetzung zwischen Motor und Antriebsrädern erfolgt in drei Stufen: Primärgetriebe, Schaltgetriebe und Differential. Die Antriebswellen sind homokinetisch und dauergeschmiert.

ELEKTRISCHE ANLAGE

Batterie 12 V 60 Ah. Drehstromlichtmaschine mit max. 930 W, 14 V 70 A. Anlasserleistung 1,4 kW. Kontaktlose, elektronische Zündanlage.

LENKUNG

Zahnstangenlenkung. Geteilte und teleskopisch zusammenschiebbare Lenksäule. 4,1 Lenkradumdrehungen von Anschlag zu Anschlag. Wendekreis 10,5 m.

BREMSEN

Diagonalgeteilte Zweikreis-Bremsanlage mit Unterdruckservo. Selbstnachstellende Scheibenbremsen an allen Rädern. Die Handbremse wirkt mechanisch auf die vorderen Bremsscheiben. Asbestfreie Bremsbeläge – semimetallisch vorn und organisch hinten.

RADAUFHÄNGUNG

Doppelte Querlenker und drehbolzengelagerte, progressiv wirkende Schraubenfedern vorn. Leichte, gerade und ungeteilte Hinterachse, die durch zwei nach vorn und zwei nach hinten gerichtete Längslenker und eine Querlaststrebe geführt wird. Schraubenfedern auch an den Hinterrädern. Gasdruck-Stoßdämpfer.

RÄDER UND REIFEN

Stahlfelgen 5½ J×15". Leichtrollende Breitreifen 175/70 R 15 T. Kompakt-Reserverad.

INSTRUMENTE

Tachometer mit Kilometer- und Teilstreckenzähler. Kraftstoffanzeiger. Kühlwasser-Fernthermometer. Drehzahlmesser mit eingebauter Quarzuhr. Kontrollampen für Sicherheitsgurte, angezogene Handbremse, niedrigen Bremsflüssigkeitsstand, Ladestrom, Öldruck, niedrigen Kraftstoffstand, elektrisch beheizte Heckscheibe, Fernlicht, Blinker und Choke.

GEWICHTE*

Leergewicht, vollgetankt, ca. 1125–1145 kg. Max. Gesamtgewicht 1580 kg.

*) Die Gewichte hängen vom Ausrüstungsumfang ab.

KOFFERRAUMINHALT

Normaler Kofferraum 617 Liter. Bei vorgeklapptem Rücksitz ca. 1500 Liter.

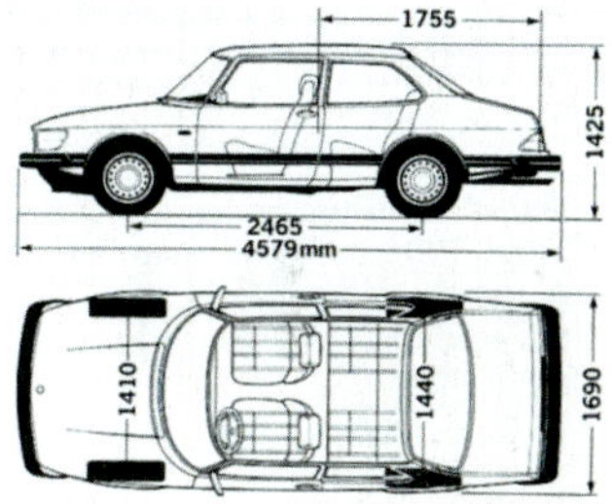

VERBRAUCH

Normverbrauch nach DIN 70030 (ECE-R 15/04), Liter pro 100 km, Superbenzin. Verbrauchsangaben für Deutschland:

Stadtverkehr 12,5; Landstraße 90 km/h 6,3; Autobahn 120 km/h 9,7.

SERIENAUSSTATTUNG

Selbstreparierende Stoßstangen. Frontspoiler. Halogenscheinwerfer. Lichtautomatik (Scheinwerfer werden mit der Zündung ausgeschaltet). Rückfahrscheinwerfer. Nebelschlußleuchten. Scheibenwischer mit Intervallfunktion. Wisch-Wasch-Anlage für die Scheinwerfer. Mechanisch von innen verstellbare Außenrückspiegel. Abblendbarer Innenrückspiegel. Drehzahlmesser mit Ökonomie-Anzeige. Elektrisch beheizte Heckscheibe. Vordersitze mit stufenlos verstellbaren Rückenlehnen. In der Höhe verstellbare Nackenstützen vorn. Elektrisch beheizter Fahrersitz. Sitzfläche des Fahrersitzes in Höhe und Neigung verstellbar. Veloursbezüge. Vier Sicherheitsgurte mit Aufrollautomatik, Hüftgurt für den hinteren Mittelplatz. Kurvenhaltegriff über der Passagiertür. Ein- und Ausstieghaltegriffe für die Fondpassagiere. Gepolsterte Sonnenblenden, rechts mit Make-up-Spiegel. Zündschloßbeleuchtung. Kartenleselampe. Zigarettenanzünder. Abschließbares, beleuchtetes Handschuhfach. Kofferraumbeleuchtung. Formgepreßter, isolierender Fahrzeughimmel. Auslegeteppich aus Textil im Kofferraum. Schwarze Fensterleisten und Türgriffe. Abschleppösen vorn und hinten.

BEISPIELE FÜR SONDERAUSRÜSTUNG

Schiebedach. Metallic-Lackierung.

■ Ihr Saab-Händler hält außerdem eine reichhaltige Auswahl an Zubehör und Sonderausstattungen für Sie bereit. Dort bekommen Sie auch Ihre Zubehörbroschüre.

■ Alle Angaben und Illustrationen in dieser Broschüre basieren auf der zum Zeitpunkt der Drucklegung dieser Broschüre gültigen Fahrzeug-Ausführung. Technische Daten und Ausrüstungen können von Markt zu Markt unterschiedlich sein und ohne vorherige Mitteilung geändert werden. Nähere Auskünfte erhalten Sie bei Ihrem Saab-Händler. Beachten Sie bitte, daß die Bilder in der Broschüre Fahrzeuge mit Zusatzausrüstung zeigen können.

Praktische Details und Technische Daten des Saab 90 im Modelljahr 1985.

Der Saab 900 II 1993–1998

Eine Zeitlang hatte man bei Saab tatsächlich überlegt, den 9000 als Nachfolger des 900 zu handeln und sich künftig auf nur noch ein Modell als Familien-Auto zu konzentrieren. Doch von Anfang an war der Saab 9000, der 1984 vorgestellt wurde, erheblich größer und technisch besser ausgestattet als der Saab 900. Mit anderen Worten: Er spielte in einer anderen Liga, und Nachfrage wie Verkaufszahlen belegten in den folgenden Jahren, dass auch die Schweden gut daran taten, weiterhin zwei Modellreihen im Programm zu behalten.

Der Startschuss für die Entwicklung eines neuen Saab 900 fiel bereits 1985 mit der Arbeit am »Projekt X 67«. Allein, das Urteil über einen 1986 dem Vorstand vorgestellten Prototypen fiel eindeutig aus: »Zu groß, zu teuer«, lautete der Kommentar zu dem auf der Bodengruppe des Saab 9000 entwickelten Modells. Und ähnlich ging es auch den nächsten Entwicklungen. Aus Projekt X 67 wurden die beiden Projekte X 68 A und X 68 B, die schließlich

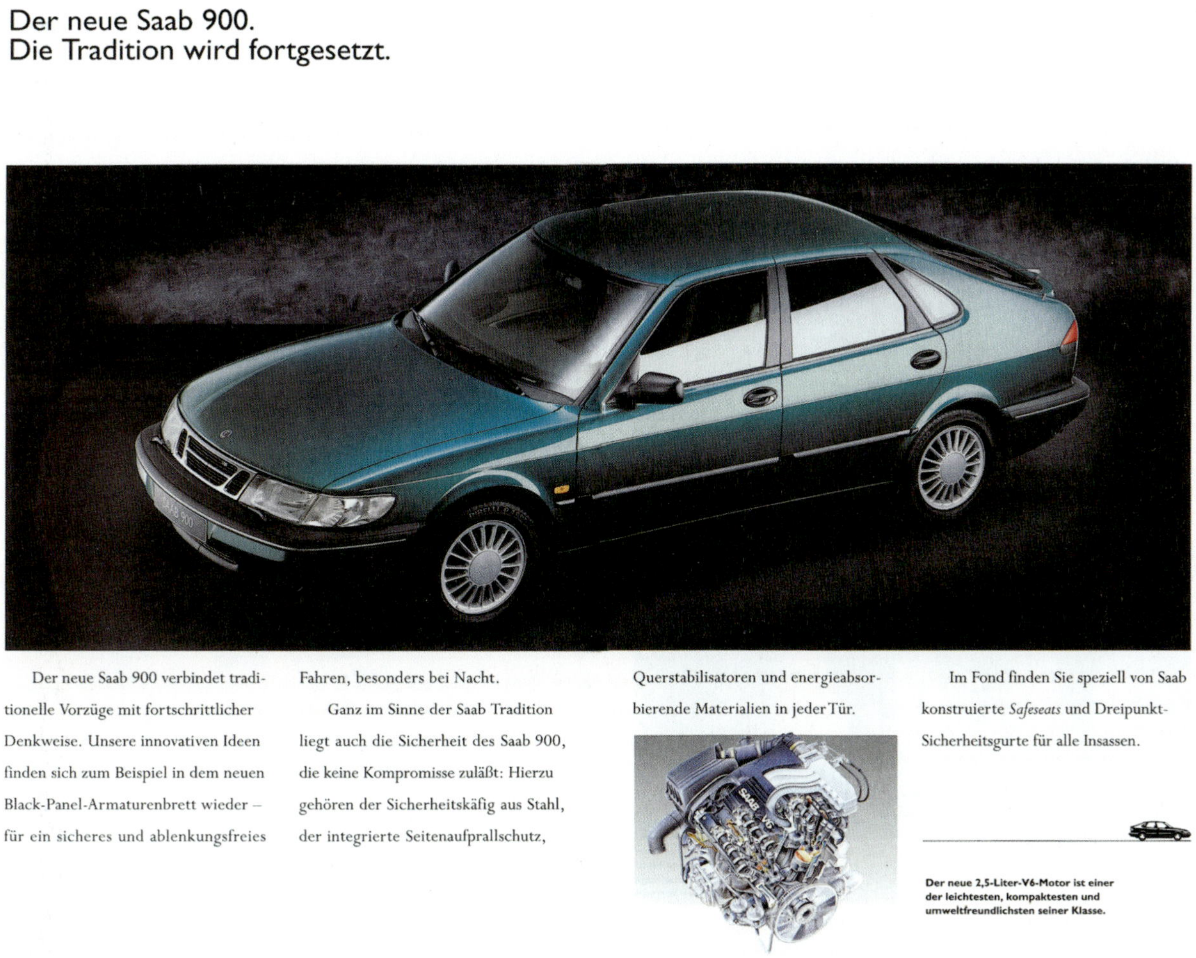

So wurde 1994 der neue Saab 900 der zweiten Generation in einem Prospekt vorgestellt.

im Saab 9000 CS mündeten, der zweiten Generation des Saab 9000. Was eigentlich auch wieder nichts anderes hieß, als dass die Ergebnisse dieser Projekte für eine 900er-Baureihe zu groß und zu teuer geworden wären.

Also startete Projekt 102. Wieder baute man auf Komponenten des Saab 9000 auf, doch durchweg mit kleineren Abmessungen. Und trotzdem war das Ergebnis erneut zu groß und zu teuer. Erst als im Dezember 1989 die Saab-Scania AB ihre Autosparte aus dem Gesamtkonzern ausgliederte und die Pkw-Produktion in einer neuen Gesellschaft, der Saab Automobile AB, fortführte, zeichnete sich eine Lösung ab. Denn in diese Gesellschaft kaufte sich General Motors mit 50 Prozent ein: Jetzt konnte man bei Saab auf Bodengruppen und Teile aus dem GM-Konzern zurückgreifen, und dort fanden sich Elemente in den Dimensionen, die ein neuer Saab 900 haben sollte. Aus Projekt 102 wurde Projekt 104, und weil der Termin für den Produktionsstart des neuen Saab 900 (31. Kalenderwoche 1993) bereits

Das Cabriolet Saab 900.
Elementares Fahrvergnügen.

Das Saab 900 Cabriolet bietet vier Erwachsenen Platz für komfortables Reisen.

Saab 900 Cabriolet – schön und praktisch zugleich.

Für Fans, denen das Autofahren mit offenem Verdeck Spaß macht, präsentieren wir das Saab 900 Cabriolet. Als Viersitzer-Cabrio in seiner unverwechselbaren Form bietet es hervorragenden Komfort und ein hohes Maß an serienmäßiger Ausstattung. Seine vier üppig gepolsterten, mit luxuriösem Leder bezogenen Sitze (bei einigen Modellen Serienausstattung) sind so konstruiert, daß sie allen Insassen optimalen Komfort bieten.

Selbst bei schlechtem Wetter schirmt Sie das mehrschichtige, elektrisch bedienbare Dach mit beheizbarer Glasheckscheibe von der Außenwelt ab.

Ob Sie sich für den leistungsstarken 2,0-Liter-Turbomotor oder den 2,0-Ecopower-Motor entscheiden, das Saab 900 Cabriolet ist ein Automobil, das Ihnen elementaren Fahrspaß garantiert.

Das 900er Cabrio aus dem gleichen Prospekt gehörte noch zur ersten Generation, die zweite kam erst mit dem Modelljahr 1995.

festgeschrieben worden war, musste seine Entwicklung und Erprobung in Windeseile erfolgen.

Eine ganze Reihe von Ergebnissen aus den vorangegangenen Projekten immerhin konnte – teilweise sogar 1 : 1 – in das neue Projekt 104 eingebaut werden, denn jetzt, da man beispielsweise mit Komponenten des Opel Vectra arbeiten konnte, passten sie in der Größe perfekt.

Nun mag es sicherlich unter den Anhängern der Marke Saab Puristen gegeben haben, für die aufgrund des Einflusses von General Motors und vor allem natürlich auch wegen der Verwendung von Vectra-Komponenten der neue Saab 900 einfach kein echter Saab mehr war. Aber Saab war nun einmal ein relativ kleiner Automobilhersteller, der auch schon beim 9000er auf Kooperationen (mit Fiat und Lancia) gesetzt hatte. Und im Vertrag mit GM war eindeutig festgelegt, dass Saab seine Modelle als hochkarätige schwedische Automobile weiterentwickeln sollte. Ausdrück-

Sicherheit durch Komfort.

Im Moment des Aufpralls lösen Sensoren das Aufblasen des Airbags im Bruchteil einer Sekunde aus.

Die Klimatisierungsautomatik im Saab behält die von Ihnen gewählte Innentemperatur präzise bei – unabhängig vom Wetter, das draußen herrscht.

Fahrer, die sich wohl fühlen, sind sicherere Fahrer. Aus diesem Grunde bietet Saab stets einen hohen Komfort und exzellente Geräumigkeit in seinen Automobilen. Selbst große Personen finden ausreichend Platz, bequem zu reisen.

Mit den exklusiven *Safeseats* fahren auch die Insassen im Fond sicherer und bequemer. Die Sitze sind so konstruiert, daß sie Ihnen festen Halt bieten und somit bei einem Unfall das gefährliche „Wegtauchen" verhindern. Die Dreipunkt-Sicherheitsgurte für alle Sitze (einschließlich der Mittelposition im Fond) bieten ein hohes Maß an zusätzlichem Schutz. Die Gurte in den Vordersitzen werden durch Airbags ergänzt (serienmäßig für den Fahrer, auf Wunsch für den Beifahrer). Der Saab Sicherheitskäfig aus Stahl umgibt Sie im wahrsten Sinne des Wortes mit Sicherheit – mit seiner stabilen, durchgetesteten Konstruktion, den Querstabilisatoren aus Stahl sowie den energieabsorbierenden Materialien in jeder Tür.

Im Fond finden Sie unsere Saab *Safeseats* mit Dreipunkt-Gurten für alle Insassen.

Das einzigartige Black Panel von Saab zeigt nur jeweils wesentliche Informationen an, damit Sie auf nächtlichen Fahrten möglichst wenig abgelenkt werden.

Sicherheit und Komfort wurden bei Saab immer groß geschrieben. Aber die Wirkungsweise des Black Panel ist auf der kleinen Abbildung in der Mitte unten natürlich gerade nicht zu sehen, denn dort leuchten ja noch alle vorhandenen Instrumente.

lich erklärtes Ziel der Zusammenarbeit war es, Marktwert und Image der Autos zu erhalten und Saabs Ruf als Entwickler, Hersteller und Vermarkter einer selbständigen schwedischen Automobilmarke zu festigen. Und so gab es schon zu Beginn der Arbeit am Projekt 104 einen Anforderungskatalog, der unter »saabischen« Gesichtspunkten zusammengestellt worden war und von dem man nicht abwich: Es gab für die Schweden keine Kompromisse in so wichtigen Fragen wie Sicherheit, Komfort, Ergonomie, Antrieb, Fahrspaß, Benutzerfreundlichkeit, Individualität oder Identität (selbst aus 100 Metern Entfernung noch sollte auch der neue auf den ersten Blick als Saab 900 erkennbar sein). Und vielleicht war es deshalb ja so, dass

Natürlich gab es 1994 auch einen eigenen Prospekt nur für das Saab 900 Cabrio.

GM dem traditionsreichen schwedischen Automobilhersteller lediglich dabei half, den bis dato saabischsten aller Saabs zu bauen.

Der Saab 900 der 2. Generation maß in der Länge 4637 mm, das waren knapp zehn Zentimeter weniger als beim Vorgänger, in der Breite 1715 mm (+ 2,5 cm) und in der Höhe 1437 mm (+ 1,7 cm). Der Radstand betrug 2602 mm, war also gegenüber den Modellen der ersten Generation um 77 mm gewachsen, die Spurweite vorn maß 1446 mm und die hinten 1443 mm. Angeboten wurde das neue Modell zunächst nur als Fünftürer mit fünf Sitzen in den Ausführungen S und SE.

Der neue Saab 900 war der erste Saab, in dem der Motor quer eingebaut war und

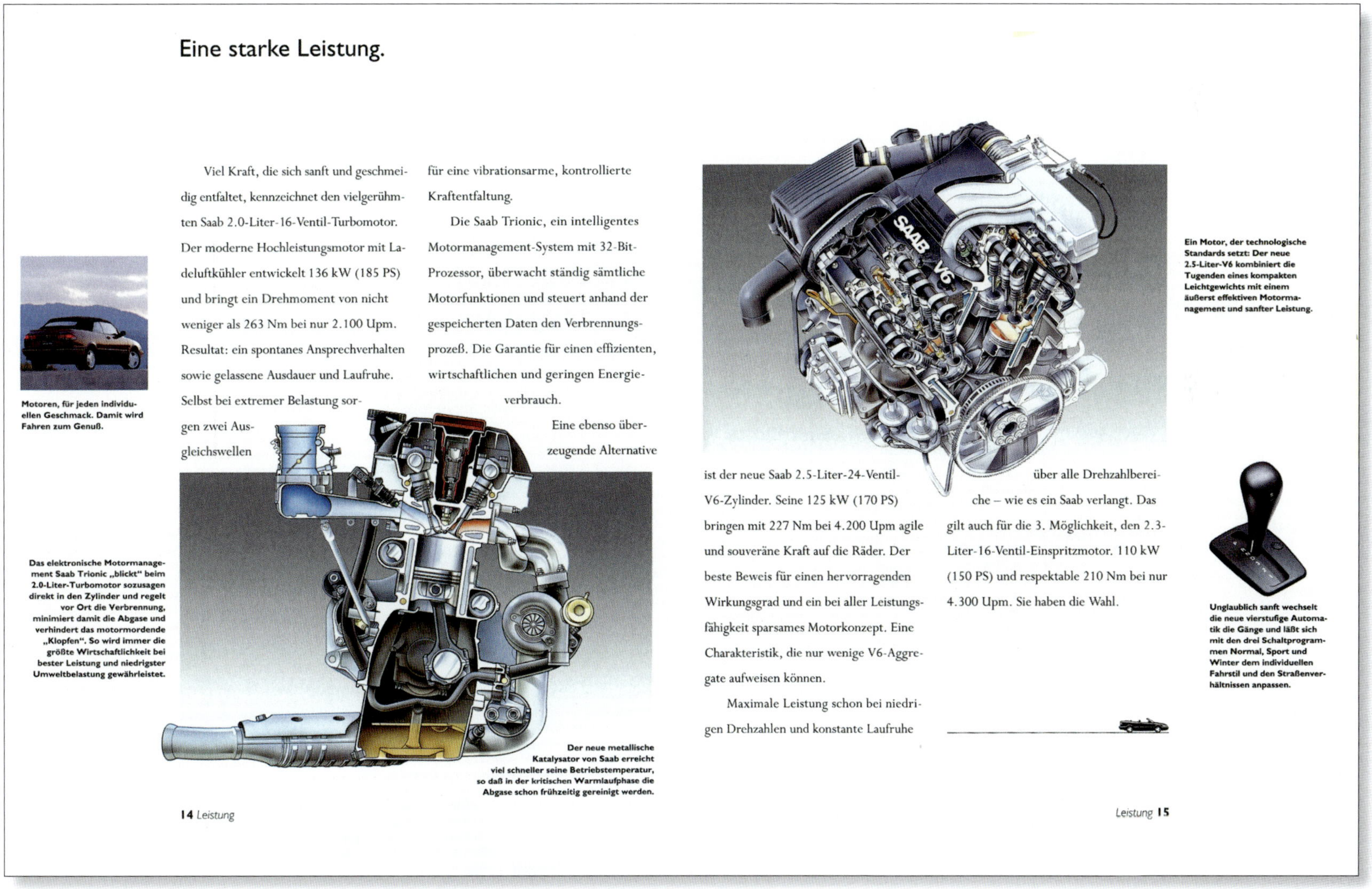

Eine starke Leistung.

Viel Kraft, die sich sanft und geschmeidig entfaltet, kennzeichnet den vielgerühmten Saab 2.0-Liter-16-Ventil-Turbomotor. Der moderne Hochleistungsmotor mit Ladeluftkühler entwickelt 136 kW (185 PS) und bringt ein Drehmoment von nicht weniger als 263 Nm bei nur 2.100 Upm. Resultat: ein spontanes Ansprechverhalten sowie gelassene Ausdauer und Laufruhe. Selbst bei extremer Belastung sorgen zwei Ausgleichswellen für eine vibrationsarme, kontrollierte Kraftentfaltung.

Die Saab Trionic, ein intelligentes Motormanagement-System mit 32-Bit-Prozessor, überwacht ständig sämtliche Motorfunktionen und steuert anhand der gespeicherten Daten den Verbrennungsprozeß. Die Garantie für einen effizienten, wirtschaftlichen und geringen Energieverbrauch.

Eine ebenso überzeugende Alternative ist der neue Saab 2.5-Liter-24-Ventil-V6-Zylinder. Seine 125 kW (170 PS) bringen mit 227 Nm bei 4.200 Upm agile und souveräne Kraft auf die Räder. Der beste Beweis für einen hervorragenden Wirkungsgrad und ein bei aller Leistungsfähigkeit sparsames Motorkonzept. Eine Charakteristik, die nur wenige V6-Aggregate aufweisen können.

Maximale Leistung schon bei niedrigen Drehzahlen und konstante Laufruhe über alle Drehzahlbereiche – wie es ein Saab verlangt. Das gilt auch für die 3. Möglichkeit, den 2.3-Liter-16-Ventil-Einspritzmotor. 110 kW (150 PS) und respektable 210 Nm bei nur 4.300 Upm. Sie haben die Wahl.

Motoren, für jeden individuellen Geschmack. Damit wird Fahren zum Genuß.

Das elektronische Motormanagement Saab Trionic „blickt" beim 2.0-Liter-Turbomotor sozusagen direkt in den Zylinder und regelt vor Ort die Verbrennung, minimiert damit die Abgase und verhindert das motormordende „Klopfen". So wird immer die größte Wirtschaftlichkeit bei bester Leistung und niedrigster Umweltbelastung gewährleistet.

Der neue metallische Katalysator von Saab erreicht viel schneller seine Betriebstemperatur, so daß in der kritischen Warmlaufphase die Abgase schon frühzeitig gereinigt werden.

Ein Motor, der technologische Standards setzt: Der neue 2.5-Liter-V6 kombiniert die Tugenden eines kompakten Leichtgewichts mit einem äußerst effektiven Motormanagement und sanfter Leistung.

Unglaublich sanft wechselt die neue vierstufige Automatik die Gänge und läßt sich mit den drei Schaltprogrammen Normal, Sport und Winter dem individuellen Fahrstil und den Straßenverhältnissen anpassen.

14 Leistung

Leistung 15

Vorstellung der beiden Spitzenmotorisierungen: Turbo oder 2,5-Liter-V6?

Das »Monster« mit den beiden nebeneinander angeordneten Dreizylinder-Zweitaktern. (Foto: © GM Corp.)

der auch mit einem Sechszylinder geordert werden konnte. Bis dahin hatte es nur ein einziges Mal einen Sechszylinder bei Saab gegeben, und zwar in einem Saab 93 in den 50er Jahren, der für Rekordversuche gebaut worden war. Tatsächlich aber bestand dieser historische »Sechszylinder« aus zwei Serien-Dreizylinder-Zweitaktern mit je 748 cm^3 Hubraum, die nebeneinander unter der Motorhaube des Saab 93 platziert worden waren. Damit verfügte das »Monster«, wie dieses Einzelstück zärtlich genannt wurde, über 100 PS und erreichte 196 km/h.

Der Sechszylinder im Saab 900 verfügte über einen Hubraum von 2498 cm^3, aus dem er 170 PS schöpfte. Sein maximales Drehmoment betrug 227 Nm bei 4200 U/

Sicher ist sicher.

Die Form folgt der Funktion. Das war bei Saab immer so und beruht auf der grundsätzlichen Saab Philosophie, die für jede Entwicklung gilt: höchste und kompromißlose Sicherheit.

Aus dem klaren Bekenntnis zu eigenständigem Design und traditionellen Werten folgt auch der Einsatz modernster Sicherheitstechnik als ein integraler Bestandteil des neuen Saab 900 Cabrios.

Beginnend beim Frontantrieb, temperamentvollen Antriebsaggregaten und vier Scheibenbremsen mit ABS. Für ein souveränes und sicheres Fahrverhalten, das durch eine exakt proportionierte Gewichtsverteilung unterstützt wird. Das Fahrzeug bleibt spurstabil, läßt sich vorhersehbar steuern und reagiert mit defensiver, zuverlässiger Konsequenz.

Die V6-Zylinder-Version wird durch das Saab Traction Control System (TCS) zusätzlich abgesichert. Sollten die Antriebsräder bei Nässe, unebener Fahrbahn oder in extremen Kurvenfahrten nicht greifen, bremst die Antriebsschlupfregelung die Räder solange ab, bis sie wieder vollständigen Bodenkontakt haben. Auch in puncto passiver Sicherheit ist das Saab 900 Cabrio mit Fahrer-Airbag auf dem neuesten Stand der Dinge. Ein extrem fester, verwindungssteifer Sicherheitskäfig durchzieht die computerentwickelte Karosserie. Rundum. Crash-erprobt. Flankenschutz an den Seiten, versteifendes Material an den Türen sowie Knautschzonen an Front und Heck sind selbstverständlich.

Eigens für Saab konstruierte Deformationselemente am Fuß der A-Säulen verhindern beim Aufprall das gefährliche Eindringen der Räder in den Fahrgastraum.

So viel Leistung wie nötig, so viel Sicherheit wie möglich. Eine Devise, mit der Saab schon immer ein Stück weiter gegangen ist. Das neue Saab 900 Cabrio bringt innovative Technik ganz sicher auf die Räder.

Der automatische Gurtstrammer wird bei einem Unfall ausgelöst. Die „Gurtlose" wird aufgenommen, um damit die Vorwärtsbewegung zu reduzieren und das Verletzungsrisiko so gering wie möglich zu halten.

Innovative Technik: Verbesserte Torsionfestigkeit und zusätzliches Gewicht.

Für optimale Sicherheit: Der serienmäßige Fahrer-Airbag und auf Wunsch ein Beifahrer-Airbag nach US-Norm.

Die selbstheilende Stoßstange absorbiert zusammen mit den neuen Deformationselementen die Energie eines versetzten Frontalaufpralls bis zu 20 km/h und verhindert damit, daß es zu einem Rahmenschaden kommt.

16 Sicherheit

Sicherheit 17

Sicher ist sicher, also kommen wir doch gerade im Cabrio-Prospekt noch einmal auf das Thema Sicherheit zurück …

min, die Höchstgeschwindigkeit lag bei 225 km/h.

Stärkstes Modell aber war der 900 Turbo geblieben, dessen zwangsbeatmeter Zweiliter-Motor (exakt 1985 cm^3) 185 PS leistete und bereits bei 2100 U/min sein maximales Drehmoment von 263 Nm entwickelte. Das reichte für eine Höchstgeschwindigkeit von 240 km/h.

Ferner im Angebot waren ein 2,3-Liter-Vierzylinder mit 150 PS und 210 Nm bei 4300 U/min, der den Saab 900 auf bis zu 205 km/h beschleunigte, und ein 2,0-Liter-Vierzylinder mit 133 PS und 180 Nm bei 4300 U/min, dessen Höchstgeschwindigkeit 200 km/h betrug.

Die Motorsteuerung oblag beim 900 Turbo der Saab Trionic mit Saab Direct Ignition, bei allen anderen 900ern zeichnete eine Bosch-Motronic dafür verantwortlich. Allen Motoren gemein waren zweifach obenliegende Nockenwellen, vier Ventile pro Zylinder, hydraulische Ventilstößel und ein Dreiwege-Katalysator.

Das manuelle Fünfganggetriebe, mit dem die 900er serienmäßig ausgeliefert wurden, war eine Eigenproduktion. Eine

Serienausstattung

Wichtiger Hinweis:

Folgende Ausstattung ist bei allen Saab 900-Modellen serienmäßig:

Ablagefächer in allen Türen
Ablagetaschen in den vorderen Sitzrückenlehnen
ABS
Airbag, Fahrerseite
Anti-Beschlag-Belüftung für hintere Seitenfenster (nicht bei dem Cabriolet)
Axial verstellbares Lenkrad
Bereifung: Saab 2.0i: 185/65R15
Saab 2.3i / 2.5 V6 / 2.0 Turbo: 195/60R15
Saab 2.0 Turbo mit Sportfahrwerk: 205/50ZR16
Elektrisch verstell- und beheizbare Außenspiegel
Elektrische Fensterheber vorn und hinten
Faltverdeck, elektrisch bedienbar (nur bei dem Cabriolet)
Flankenschutz
Getönte Scheiben
Getriebe 5-Gang manuell
Gurtbefestigungspunkte vorn höhenverstellbar, 5-Dreipunktgurte (4-Dreipunktgurte bei dem Cabriolet)
Gurtstrammer vorn
Haltegriffe, 4 (nicht bei dem Cabriolet)
Handgriff auf der Innenseite der Kofferraumklappe
Handschuhfach beleuchtet und abschließbar
Heckscheibenwischer (nicht beim Cabriolet)
Innenraum-Beleuchtung vorn und hinten mit Verzögerungsautomatik
Innenraum-Luftfilter
Kofferraum-Beleuchtung
Kofferraum-Fernentriegelung in Fahrertür
Kopfstützen vorn und hinten (Halterung für 5. vorbereitet), keine Halterung für das Cabriolet
Lautsprecher vorn (2)
Leuchtweitenregulierung
Make-up-Spiegel beleuchtet, Fahrer und Beifahrer
Mittelarmlehne hinten mit Durchlademöglichkeit (nicht bei dem Cabriolet)
Nebelschlußleuchte
Piktogramm (offene Tür, Lichtdefekt, Öldruck)
Saab Safeseat
Scheinwerfer mit Abschaltverzögerung
Scheinwerfer-Wisch-Waschanlage
Servolenkung
Stoßabsorbierende Stoßstangen (bis zu 8 km/h)
Umklappbare Rücksitzbank mit Aufteilung 40/100 (100 bei dem Cabriolet)
Verankerungspunkte für Kindersitze, vorn und hinten (nicht bei dem Cabriolet) (nicht vorn in Fahrzeugen mit Airbag auf der Beifahrerseite)
Vorbereitung für Nebelscheinwerfer, Radioeinbau
Zentralverriegelung an beiden Vordertüren bedienbar einschl. Tankklappe und Dead-Lock-Funktion

Preise

Saab 900		2.0 l-Motor 98 kW (133 PS)	2.3 l-Motor 110 kW (150 PS)	2.5 l-Motor V6 125 kW (170 PS)	2.0 Turbo Motor 136 kW (185 PS)
900 S Coupé	mit MwSt. DM	**38.800,00**	**44.900,00**		**49.950,00**
	ohne MwSt. DM	33.739,13	39.043,48		43.434,78
900 S, 5türig	mit MwSt. DM	**39.900,00**	**44.900,00**		**49.950,00**
	ohne MwSt. DM	34.695,65	39.043,48		43.434,78
900 SE Coupé	mit MwSt. DM			**52.850,00**	**53.950,00**
	ohne MwSt. DM			45.956,52	46.913,04
900 SE, 5türig	mit MwSt. DM			**53.950,00**	**55.150,00**
	ohne MwSt. DM			46.913,04	47.956,52
900 SE Cabriolet	mit MwSt. DM		**58.000,00**	**64.000,00**	**65.000,00**
	ohne MwSt. DM		50.434,78	55.652,17	56.521,74

Alle Preisangaben sind unverbindliche Preisempfehlungen der Saab Deutschland GmbH in DM, mit und ohne 15 % MwSt. ab Importeur. Technische Änderungen vorbehalten.

Die dreijährige Saab-Mobil-Garantie

Sollte entgegen allen Erwartungen Ihr Saab doch einmal einen technischen Defekt haben, bietet Ihnen die dreijährige Saab-Mobil-Garantie einen umfangreichen 24-Stunden-Service. Je nach individuellem Einzelfall gehören beispielsweise Abschleppdienst, Ersatzteilbeschaffung, Mietwagen, Hotelunterbringung oder Weitertransport zum Reiseziel per Bahn oder Flugzeug zum Leistungsumfang.

Saab Autofinanz:
Der einfache Weg zu Ihrem neuen Saab

Die Saab Autofinanzdienstleistung GmbH bietet Ihnen alle Autofinanzdienstleistungen, die Sie als anspruchsvoller Kunde erwarten:

- Neu- und Gebrauchtwagenleasing
- Neu- und Gebrauchtwagenfinanzierung
- Versicherung rund ums Auto

Ihr Saab-Vertragspartner berät Sie gerne.

Ausstattungs- und Preisliste für den Saab 900, Modelljahr 1994.

später auf Wunsch lieferbare Vierstufen-Automatik verfügte über eine hydraulische Steuerung und drei Schaltprogramme (»Normal«, »Sport« und »Winter«).

ABS und einen Fahrer-Airbag gab es serienmäßig, einen Airbag für den Beifahrer nur auf Wunsch und gegen Aufpreis. Die Gurte vorn wurden im Ernstfall von einem Gurtstraffer angezogen, auf den Rücksitzen gab es – sehr saabisch – drei (!) Dreipunktgurte. Die Karosserie enthielt einen eingebauten Überrollkäfig, die Türen verfügten selbstverständlich über einen Seitenaufprallschutz. Ebenso selbstverständlich waren Knautschzonen vorne und hinten, darüber hinaus besaß der Saab 900 aber auch noch doppelte Türrahmen vorn und energieabsorbierende Polster in den Türen in Hüft- und Schulterhöhe. Welchen Wert man generell auf Sicherheit gelegt hatte, bewies auch die Tatsache, dass der neue 900er nicht weniger als 19 verschiedene Crash-Tests erfolgreich über sich hatte ergehen lassen müssen.

Elektrische Fensterheber, Zentralverriegelung und Servolenkung gehörten zur Serienausstattung, ebenso das dem Flugzeugbau entlehnte, sogenannte »Black Panel«, das auf Wunsch die Instrumentenbeleuchtung auf den Tachometer beschränkte. Lediglich wenn es galt, den Fahrer von Kraftstoffmangel, zu hoher Drehzahl, zu hohen Betriebstemperaturen oder anderen elementaren Dingen in Kenntnis zu setzen, leuchtete das dazugehörige Messinstrument bzw. die entsprechende Warnlampe auf.

Der Presse und den 35.000 Einwohnern des Städtchens wurde der neue Saab 900 (als Modell des Jahrgangs 1994) am 23. Juli 1993 in Trollhättan vorgestellt, und Presse wie Publikum schienen von dem neuen Saab sehr angetan: Innerhalb von zehn Tagen gingen mehr als 3000 Bestellungen ein.

Der Saab R 900 Turbo: Eine besonders sportliche Variante im Modelljahr 1996.

VON MODELLJAHR ZU MODELLJAHR

1994

Im Januar wurde auf der Detroit Motor Show erstmals der neue Saab 900 als Dreitürer gezeigt, ebenfalls erstmals zu sehen war hier die viersitzige Cabrio-Variante (Modelljahrgang 1995), deren vollisoliertes Stoffdach elektrisch betätigt wurde. Beide wurden einen Monat später auch in Europa der Öffentlichkeit vorgestellt, und zwar auf der Stockholmer Automobilmesse.

1995

Unter der Bezeichnung Saab Ecopower fasst Saab in einem neuen Motorkonzept Turboaufladung, Vierventiltechnik und die Motorsteuerung Saab Trionic zusammen. Nach diesem Konzept gebaute Motoren bringen Höchstleistung bei niedrigen Emissionen und hoher Wirtschaftlichkeit. Damit erfüllte der Saab 900 Turbo auch die strengsten der seinerzeit weltweit geltenden Umweltauflagen.

Als Option erstmals angeboten wurde im Saab 900 Turbo die Saab Sensonic, eine automatische Kupplung: Geschaltet wurde ganz normal von Hand, ein Kupplungspedal aber suchte man vergeblich, das Ein- und Auskuppeln erfolgte elektronisch gesteuert. Alternativ war für das Turbo-Modell auch ein Automatikgetriebe lieferbar.

1996

Die Bremsen am Saab 900 wurden mit Hilfe einer elektronischen Bremskraftverteilung (EBD, Electronic Brake force Distribution) weiter verbessert. Als zusätzliche Sicherheitsfeatures gibt es jetzt eine Alarmanlage und eine elektronische Wegfahrsperre. Neu in Sachen Komfort ist die verstellbare Lendenwirbelstütze im Fahrersitz. Äußerlich sind die 900er-Modelle des Jahrgangs 1996 an einer neuen Zierleiste

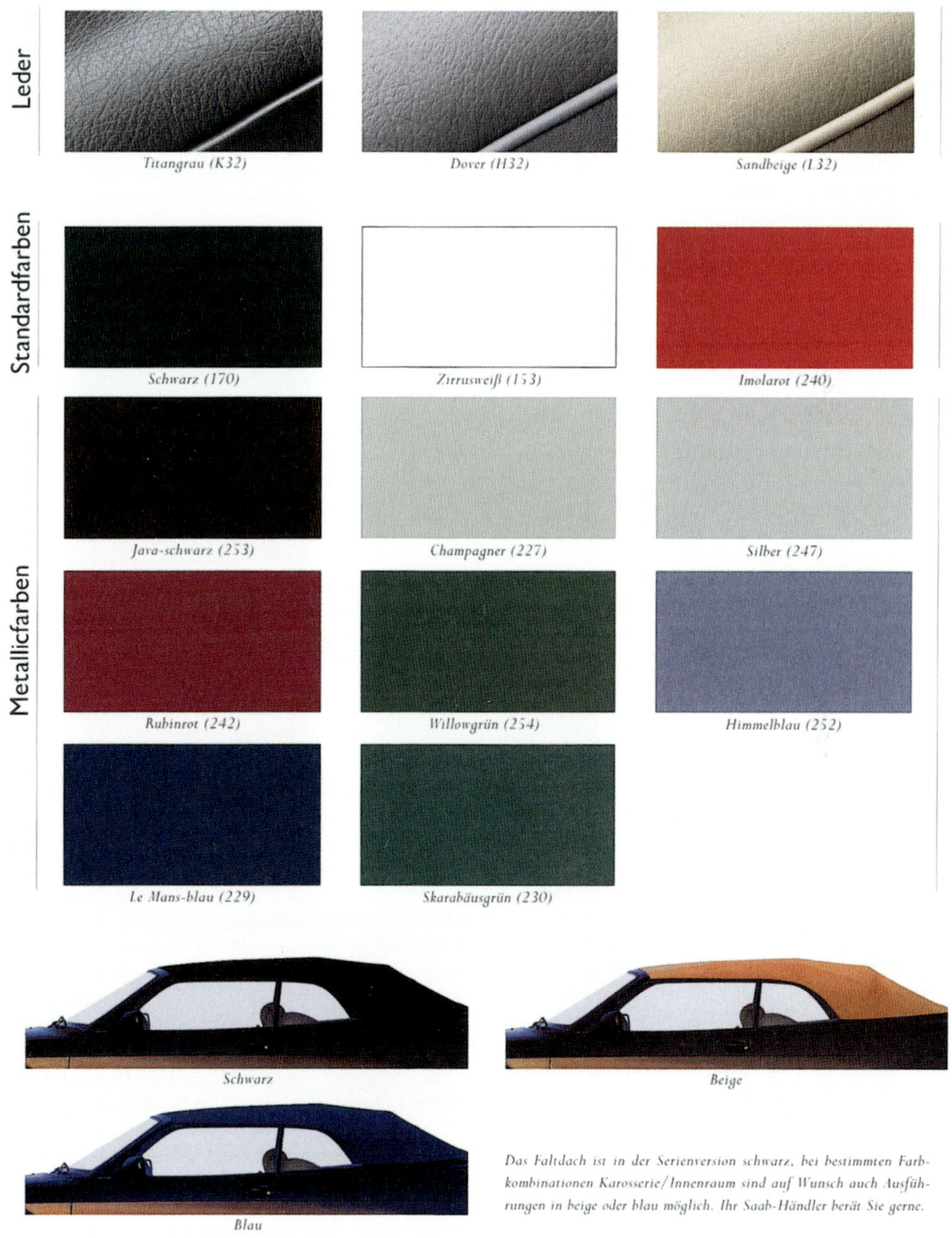

Farbtafel für das 900 Cabrio in einem Prospekt des Modelljahrs 1996.

zu erkennen, welche die Rückleuchten miteinander verbindet. In Deutschland werden zwei Sondermodelle angeboten: Ein sportlich ausgelegter Saab R 900 Turbo und ein Saab 900 2.0 Turbo Sunbeach.

1997

Im Modelljahr 1997 gab es beim Saab 900 nur noch wenige Änderungen. Ein Automatikgetriebe war als Option jetzt auch für den V6 erhältlich.

Eingedenk der 40 (!) internationalen Geschwindigkeitsrekorde, die Saab im Oktober 1996 mit sechs 900er-Modellen auf dem Talladega-Speedway in Alabama aufgestellt hatte (für den schnellsten Turbo wurde nach 40.000 km eine Durchschnittsgeschwindigkeit von 226,45 km/h festgestellt), brachte Saab ein Talladega-Sondermodell auf den Markt, das als Coupé, als Cabrio und als Fünftürer unter anderem über 16 Zoll große Aluminiumfelgen mit sieben Speichen verfügte sowie über Stoßfänger und Außenspiegel in Wagenfarbe. Außerdem konnte der Kunde noch zwischen verschiedenen Lederausstattungen wählen.

1998

In diesem Jahr löste der Saab 9-3 als Nachfolgemodell die Baureihe 900 II ab. Äußerlich dem Vorgänger noch überaus ähnlich geblieben, zielten die weitaus meisten der über 1100 vorgenommenen Veränderungen im 9-3 auf eine weitere Verbesserung von Handling und Zuverlässigkeit.

Preise

Saab 900		2.0i-Motor 96 kW (130 PS)	2.3i-Motor 110 kW (150 PS)	2.5 V6-Motor 125 kW (170 PS)	Ecopower 2.0 Turbo-Motor 136 kW (185 PS)
900 Coupé	mit MwSt. DM	**37.950,00**			
	ohne MwSt. DM	33.000,00			
900, 5türig	mit MwSt. DM	**38.950,00**			
	ohne MwSt. DM	33.869,57			
900 S Coupé	mit MwSt. DM	**41.350,00**	**44.350,00**		
	ohne MwSt. DM	35.956,52	38.565,22		
900 S, 5türig	mit MwSt. DM	**42.450,00**	**45.450,00**		
	ohne MwSt. DM	36.913,04	39.521,74		
900 SE Coupé	mit MwSt. DM				**57.350,00**
	ohne MwSt. DM				49.869,57
900 SE, 5türig	mit MwSt. DM		**51.450,00**	**57.350,00**	**58.450,00**
	ohne MwSt. DM		44.739,13	49.869,57	50.826,09
900 S Cabriolet	mit MwSt. DM	**58.550,00**			
	ohne MwSt. DM	50.913,04			
900 SE Cabriolet	mit MwSt. DM		**59.850,00**	**66.050,00**	**67.350,00**
	ohne MwSt. DM		52.043,48	57.434,78	58.565,22

Alle Preisangaben sind unverbindliche Preisempfehlungen der Saab Deutschland GmbH in DM, mit und ohne 15% MwSt., ab Importeur. Technische Änderungen vorbehalten.

Preisliste Saab 900, gültig ab 1. Januar 1996.

Philosophie auf »saabisch«: Anders denken, anders fahren … Das Modellprogramm in einem Prospekt des Jahrgangs 1998.